钩针钩织 基本的钩织方法集

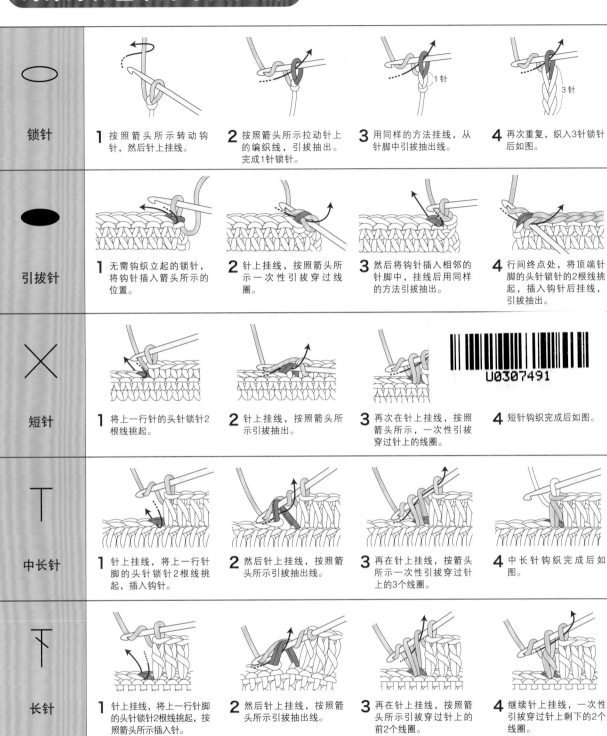

锁针 ◯	**1** 按照箭头所示转动钩针，然后针上挂线。	**2** 按照箭头所示拉动针上的编织线，引拔抽出。完成1针锁针。	**3** 用同样的方法挂线，从针脚中引拔抽出线。	**4** 再次重复，织入3针锁针后如图。

引拔针 ●
1 无需钩织立起的锁针，将钩针插入箭头所示的位置。
2 针上挂线，按照箭头所示一次性引拔穿过线圈。
3 然后将钩针插入相邻的针脚中，挂线后用同样的方法引拔抽出。
4 行间终点处，将顶端针脚的头针锁针的2根线挑起，插入钩针后挂线，引拔抽出。

短针 ✕
1 将上一行针的头针锁针2根线挑起。
2 针上挂线，按照箭头所示引拔抽出。
3 再次在针上挂线，按照箭头所示，一次性引拔穿过针上的线圈。
4 短针钩织完成后如图。

中长针 丅
1 针上挂线，将上一行针脚的头针锁针2根线挑起，插入钩针。
2 然后针上挂线，按照箭头所示引拔抽出线。
3 再在针上挂线，按箭头所示一次性引拔穿过针上的3个线圈。
4 中长针钩织完成后如图。

长针 𝈨
1 针上挂线，将上一行针脚的头针锁针2根线挑起，按照箭头所示插入针。
2 然后针上挂线，按照箭头所示引拔抽出线。
3 再在针上挂线，按照箭头所示引拔穿过针上的前2个线圈。
4 继续针上挂线，一次性引拔穿过针上剩下的2个线圈。

长长针 𝈨
1 编织线在针上缠两圈，将上一行头针的锁针2根线挑起，插入钩针后挂线，再引拔抽出。
2 针上挂线，按照箭头所示，引拔穿过针上的前2个线圈。
3 再在针上挂线，引拔穿过针上的前2个线圈。
4 继续针上挂线，一次性引拔穿过剩余的2个线圈。

剪切线

U0307491

长针5针的爆米花针成束挑起钩织	 **1** 针上挂线，按照箭头所示将钩针插入上一行的锁针中，包住针脚成束挑起。	 **2** 此处织入长针5针的爆米花针。		
长针1针交叉	 **1** 织入1针长针。	 **2** 针上挂线，按照箭头所示将钩针插入1针内侧锁针的里山中。	**3** 包住之前钩织的长针，再织入1针长针。	**4** 长针1针交叉钩织完成后如图。
长针的十字交叉针	 **1** 先织入未完成的长针，然后在针上挂线，将钩针插入第3个针脚中。	**2** 第3针也织入未完成的长针，挂线后引拔抽出。如此重复3次。	**3** 织入2针锁针，针上挂线后将箭头所示的2根线挑起。	**4** 针上挂线，引拔抽出线。然后再次挂线，引拔抽出2根线，如此重复两次。长针的十字交叉针完成。
长针的正拉针	**1** 针上挂线，按箭头所示插入钩针，从正面将上一行针脚的尾针挑起，再引拔抽出线。	**2** 针上挂线，按照箭头所示引拔穿过2针。	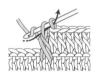 **3** 再在针上挂线，一次性引拔穿过针上的2根线，织入长针。	 **4** 长针的正拉针钩织完成后如图。
锁针3针的引拔小链针	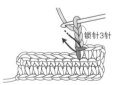 **1** 钩织锁针3针，按照箭头所示将钩针插入短针的头针半针与尾针的1根线中。	 **2** 针上挂线，按照箭头所示一次性引拔抽出线，织入短针。	 **3** 钩织完1针"锁针3针的引拔小链针"后如图。接着再织入4针短针固定。	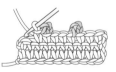 **4** 重复步骤1~3，钩织完2针"锁针3针的引拔小链针"后如图。
（筒状钩织）引拔针	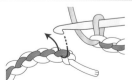 **1** 织入必要数量的锁针起针，然后将钩针插入最初针脚的里山中。	 **2** 针上挂线，按照箭头所示引拔抽出线。	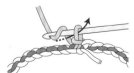 **3** 与锁针的起针相连，呈环形。	 **4** 在第1行的终点处，将钩织起点短针的头针锁针2根线挑起，进行引拔钩织。

 短针2针并1针	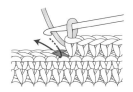 **1** 将钩针插入箭头所示的位置，挂线后引拔抽出线。	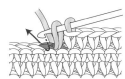 **2** 再将钩针插入下一个针脚中，引拔抽出线。	 **3** 针上挂线，按照箭头所示引拔穿过3个线圈。	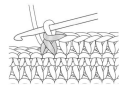 **4** 短针2针并1针钩织完成后如图。
 中长针2针并1针	 **1** 针上挂线，引拔抽出线。钩织中长针最后的引拔针前暂时停下（未完成的中长针）。	 **2** 针上挂线，下一针也织入未完成的中长针。	 **3** 针上挂线，一次性引拔穿过5个线圈。	 **4** 中长针2针并1针完成后如图。
 长针2针并1针	 **1** 针上挂线，引拔抽出线。钩织长针最后的引拔针前暂时停下（未完成的长针）。	**2** 针上挂线，下一针也织入未完成的长针。	 **3** 针上挂线，一次性引拔穿过针上的3个线圈。	 **4** 长针2针并1针完成后如图。
 长针3针的枣形针	 **1** 先织入未完成的长针。	 **2** 针上挂线后再在同一针脚中织入2针未完成的长针。	 **3** 针上挂线后一次性引拔穿过针上的所有线圈。	**4** 钩织完1针"长针3针的枣形针"后如图。
 长针3针的枣形针成束挑起钩织	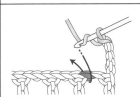 **1** 针上挂线，插入钩针，包住上一行的锁针，成束挑起钩织。	 **2** 织入3针未完成的长针，再在针上挂线，一次性引拔穿过所有线圈。	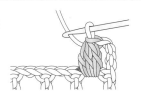 **3** 钩织完1针"长针3针的枣形针成束挑起钩织"后如图。	
 长针5针的爆米花针	 **1** 在同一针脚中织入5针长针，取出钩针后再重新将针插入最初与最后的针脚中。	 **2** 按照箭头所示，引拔钩织针尖的针脚与最初的针脚。	 **3** 针上挂线，织入1针锁针，收紧。	 **4** 钩织完1针"长针5针的爆米花针"后如图。

三卷长针	 1 编织线在针上缠三圈，将上一行针脚头针的2股线挑起，插入钩针后挂线，再引拔抽出。	2 针上挂线，按照箭头所示，引拔穿过针上的前2个线圈。	3 再次挂线，引拔穿过上的前2个线圈。如此重复两次。	4 再次挂线，一次性引拔穿过剩余的2个线圈。
反短针	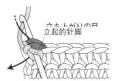 立起的针脚 1 无需翻转织片，织入1针立起的锁针，将钩针插入顶端针脚的头针中，引拔抽出线。	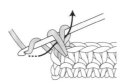 2 针上挂线，引拔穿过2个线圈，织入短针。	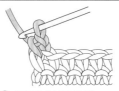 3 钩织完成1针反短针。	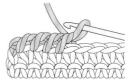 4 如此重复，从左往右继续钩织。

短针的条针	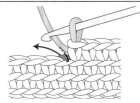 钩针插入上一行头针锁针的外侧半针中，织入短针。	**长针的条针**	 1 针上挂线，钩针插入上一行头针锁针的外侧半针中。	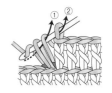 2 在此处织入长针。

短针1针分2针	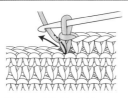 1 织入1针短针，再在同一针脚中插入钩针。	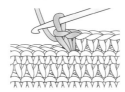 2 再钩织1针短针，即在1针中织入2针短针，呈加1针的状态。	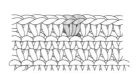 3 钩织完下一针后，加针的针脚会更明显。

中长针1针分2针	 1针 立起的2针锁针 1针 基底的针脚 1 针上挂线，插入钩针后钩织中长针。	2 引拔穿过针上的3个线圈。	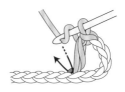 3 再在针上挂线，同一针脚中再钩织1针中长针。	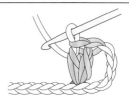 4 在1个针脚中织入2针中长针后如图。
长针1针分2针	 1针 立起的3针锁针 1针 基底的针脚 1 针上挂线，插入钩针后引拔抽出线。	 2 针上挂线，织入1针长针。	 3 再在同一针脚中插入钩针，织入1针长针。	 4 在1个针脚中织入2针长针后如图。

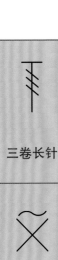

零基础钩针编织

日本成美堂出版编辑部　编著　　　何凝一　译

南海出版公司

2017·海口

CONTENTS

第1章　初次钩织围巾&小物

开始钩针编织之前 ⋯⋯⋯⋯⋯⋯ 6
　准备材料 ⋯⋯⋯⋯⋯⋯⋯⋯ 6
　编织线与针的拿法 ⋯⋯⋯⋯⋯ 7
　锁针起针的方法 ⋯⋯⋯⋯⋯ 7
　编织图的看法 ⋯⋯⋯⋯⋯⋯ 8

杯垫 ⋯⋯⋯⋯⋯⋯⋯⋯⋯ 10
　● A 花片拼接的杯垫 ⋯⋯⋯⋯ 12
　● B 方格花样的杯垫 ⋯⋯⋯⋯ 12
　● C 雏菊杯垫 ⋯⋯⋯⋯⋯⋯ 13
　● D 带花边的杯垫 ⋯⋯⋯⋯ 13
　● E 方格色块杯垫 ⋯⋯⋯⋯ 14
　● F 枣形针杯垫 ⋯⋯⋯⋯⋯ 15

发带/护耳 ⋯⋯⋯⋯⋯⋯⋯ 16
　● 环形发带 ⋯⋯⋯⋯⋯⋯ 18
　● 蕾丝风发带 ⋯⋯⋯⋯⋯ 18
　● 护耳 ⋯⋯⋯⋯⋯⋯⋯⋯ 19

耳环&项链/链饰/耳钉 ⋯⋯⋯ 20
　● 耳环 ⋯⋯⋯⋯⋯⋯⋯⋯ 22
　● 项链 ⋯⋯⋯⋯⋯⋯⋯⋯ 22
　● 链饰 ⋯⋯⋯⋯⋯⋯⋯⋯ 23

　● 耳钉 ⋯⋯⋯⋯⋯⋯⋯⋯ 23

发圈/花环 ⋯⋯⋯⋯⋯⋯⋯ 24
　● A 荷叶边发圈 ⋯⋯⋯⋯⋯ 26
　● B 流苏发圈 ⋯⋯⋯⋯⋯ 27
　● C 串珠发圈 ⋯⋯⋯⋯⋯ 28
　● A 迷你衣物花环 ⋯⋯⋯⋯ 30
　● B·C 小旗花环 ⋯⋯⋯⋯⋯ 31

动物磁铁/蝴蝶别针/围巾熊和雏鸡玩偶/小熊钥匙套 ⋯⋯⋯⋯⋯⋯⋯⋯ 32
　● 动物磁铁 ⋯⋯⋯⋯⋯⋯ 33
　● 蝴蝶别针 ⋯⋯⋯⋯⋯⋯ 33
　● 围巾熊和雏鸡玩偶 ⋯⋯⋯ 34
　● 小熊钥匙套 ⋯⋯⋯⋯⋯ 35

围巾 ⋯⋯⋯⋯⋯⋯⋯⋯⋯ 36
　● 花朵花片围巾 ⋯⋯⋯⋯⋯ 38
　● 花格围巾 ⋯⋯⋯⋯⋯⋯ 38
　● 6色围巾 ⋯⋯⋯⋯⋯⋯⋯ 39
　● 荷叶边围巾 ⋯⋯⋯⋯⋯⋯ 40
　● 连续枣形花样围巾 ⋯⋯⋯⋯ 40
　● 花片拼接的围巾 ⋯⋯⋯⋯ 41

第2章　多款人气单品

连指手套&暖手套/长款手套 ⋯⋯ 44
　● 钻石花样与条纹花样的连指手套 ⋯⋯⋯ 48
　● 阿兰风格的连指手套 ⋯⋯ 51
　● 花样钩织的暖手套 ⋯⋯⋯ 54
　● 圆圈花样钩织的暖手套 ⋯⋯ 55

　● 嵌入花样的连指手套 ⋯⋯ 56
　● 素雅的马海毛长款手套 ⋯⋯ 57

锅垫 ⋯⋯⋯⋯⋯⋯⋯⋯⋯ 58
　● 花朵花样锅垫 ⋯⋯⋯⋯⋯ 59
　● 叶子花样锅垫 ⋯⋯⋯⋯⋯ 59

围巾/围脖/拼接领 ··········· 62

- 蕾丝拼接领 ··········· 65
- 随机彩色拼接领 ··········· 66
- 拉针钩织的围巾 ··········· 67
- 阿兰风格的围巾 ··········· 68
- 凤梨花样围脖 ··········· 69

暖腿袜/短袜/居家鞋 ··········· 70

- 双色暖腿袜 ··········· 75
- 绒毛暖腿袜 ··········· 75
- 阿兰风格的暖腿袜 ··········· 76
- 花样钩织的短袜 ··········· 77
- 条纹花样短袜 ··········· 80
- 拉针钩织的短袜（男士用）··········· 81
- 短靴式居家鞋 ··········· 83
- 懒汉鞋式居家鞋 ··········· 84

帽子 ··········· 86

- 贝雷帽 ··········· 90
- 宽檐帽 ··········· 91
- 黑色蕾丝&草帽 ··········· 92
- 绒球帽 ··········· 93
- 装饰带贝雷帽 ··········· 94
- 阿兰风格的帽子 ··········· 95

手提包 ··········· 96

- 方块花片手提包 ··········· 100
- 彩色手提包&纸巾包 ··········· 102
- 枣形针手提包 ··········· 103
- 黄麻手提包 ··········· 104
- 草编晚宴包 ··········· 106
- 篮形手提包 ··········· 109

口金包 ··········· 112

- 蛙嘴式零钱包 ··········· 113

第3章　花片、围巾、针织小物

一起来尝试钩织各种各样的花片吧！ ··· 116

- **A** 蓝色马海毛花片 ··········· 118
- **B** 枣形针的花片 ··········· 118
- **C** 花朵与叶子的立体花片 ··········· 118
- **D** 中央呈花朵形状的花片 ··········· 119
- **E** 六片花瓣的花片 ··········· 119
- **F** 八片花瓣的花片 ··········· 119
- **G** 小链针的花片 ··········· 119
- **H** 四片花瓣的花片 ··········· 119
- **I** 网状花片 ··········· 119

披肩 ··········· 122

- 条纹&蕾丝三角形披肩 ··········· 124
- 梯形披肩 ··········· 126

多用途盖布/垫布 ··········· 128

- 多用途盖布 ··········· 130
- 垫布 ··········· 131

盖毯 ··········· 132

- 花片拼接的盖毯 ··········· 134
- 条纹盖毯 ··········· 135

外搭裙子 ··········· 136

- 外搭裙子&披肩（两穿）··········· 138
- 外搭裙子&斗篷（两穿）··········· 139

两穿 短罩衫&背心/
两穿 斗篷&短罩衫/背心/斗篷式背心 ··· 140

- 两穿 短罩衫&背心 ··········· 146
- 两穿 斗篷&短罩衫 ··········· 148
- 斗篷式背心 ··········· 150
- 背心 ··········· 154

尝试用花片制作小物件！
针插 ··········· 157

- **A** 四方形针插 ··········· 158
- **B** 圆形针插 ··········· 158
- **C** 方格色块针插 ··········· 159

How to Make

包住皮筋钩织的方法 ……………………… 26

更换不同颜色编织线的方法 ……………… 27

串珠的钩织方法 …………………………… 29

花片的拼接方法（边钩织边拼接）……… 42

手指的拼接方法 …………………………… 50

阿兰风格花样的钩织方法 ………………… 52

嵌入花样的钩织方法 ……………………… 60

拉针的钩织方法（长针）………………… 67

短袜的钩织方法 …………………………… 78

鞋底的拼接方法 …………………………… 85

绒球的制作方法 …………………………… 93

提手的钩织方法 …………………………… 104

拼接口金的方法 …………………………… 108

线穗的制作方法 …………………………… 111

蛙嘴口金的拼接方法 ……………………… 114

立体花片的钩织方法 ……………………… 120

袖口的拼接方法 …………………………… 153

Point

圆形的钩织方法 …………………………… 15

织入串珠 …………………………………… 29

长长针5针的爆米花针 …………………… 53

卷针订缝（半针／织片正面相对）……… 68

短针的棱针的钩织方法 …………………… 83

双锁链针绳带 ……………………………… 85

长针的正拉针 ……………………………… 95

引拔针订缝、长针1针的交叉针 ………… 110

短针的正拉针 ……………………………… 111

变化的中长针3针的枣形针成束挑起 …… 125

纽扣的缝法 ………………………………… 147

衣物钩织时常用的订缝与接缝

锁针与引拔针订缝、锁针与引拔针接缝 …… 149

本书的使用方法

关于折页"钩针钩织 基本的钩织方法集"
折页汇集了钩针钩织中最基本的钩织方法。如果看编织图时遇到了困难，可参照折页上的针法记号继续钩织。

关于标准织片
标准织片是指一定织片中所包含的针数、行数。本书除作者特别说明的款式外，均表示10cm×10cm织片中所含的标准行数、针数、编织方法名称。

关于符号

该符号表示编织作品时需要的编织线克数和线团的个数。

编织作品的过程中，用图片对复杂难懂的步骤进行解说。为了更清楚、明晰地表达，采用与实际作品颜色不同的编织线进行说明。

对于折页"基本的钩织方法集"中未登载的钩织方法和技巧，必要时会用插图进行解说。

第 1 章

初次钩织围巾 & 小物

开始钩针编织之前

● **准备材料** 用钩针编织之前，先介绍一些必需的工具。

编织线

钩针编织和棒针编织使用的编织线，依据粗细程度、材质可分为许多种类。

线的粗细

极细线

中细线

中粗线

粗线

极粗线

超粗线

马海毛线

线的材质

羊毛线

主要用于钩织秋冬服饰，质感轻柔的编织线。也有与腈纶等材质混纺而成的编织线。捻合方法与形状多种多样。

棉线

主要用于钩织春夏用的衣服与小物。具有舒适的亲肤感，钩织时触感会稍微硬一点。

亚麻线

麻线主要用于钩织春夏的衣服与小物。除了亚麻色外，还有其他多种颜色。

蕾丝线

钩织蕾丝时使用的编织线。有的富有光泽，有的则是原色，可选性非常多。

针

钩针分为蕾丝针、钩针、超粗钩针3种。除了金属材质以外，还有塑料、竹子等材质。既有两侧针头号数不一的钩针，也有附带握柄的钩针。

钩针

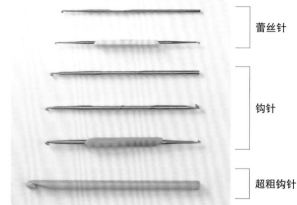

蕾丝针

钩针

超粗钩针

● **蕾丝针**

钩织蕾丝时使用，比普通的钩针细。号数越大，针头越细。

● **钩针**

这就是通常所说的"钩针"。号数越大，针头越粗。

● **超粗钩针**

用于钩织超粗线以上的编织线。并非用号数表示尺寸，而是用毫米（mm）。数字越大，针头越粗。

缝衣针

毛线用粗孔缝衣针，处理线头及缝合拼接织片时使用。针尖为圆形，能防止挑线。可根据毛线的粗细程度，选择对应的缝衣针。

便利工具

如果有以下工具，编织时就会更加方便。

定位针

普通的定位针也可以，但针织专用的定位针顶端采用圆形设计，能防止挑线。

计数环

行数变化较多时，需要在织片中作出标记，可在针脚中加入计数环。

熨烫用固定针

将织片熨烫平整时使用的便利固定针。"＜"型设计，不会影响到熨烫。

标签的看法

编织线的材质

每团线的重量与线长

洗涤时的注意事项

所适用的编织针号数

用相应的编织针编织10cm×10cm织片时，织片的针数与行数

6

●编织线与针的拿法　押紧编织线，捏住钩针的手指无需太过用力。

抽取线头的方法

从线团中抽取线时，请从线团内侧抽出线头。如果从外侧抽取，编织时线团会来回滚动。

钩针的拿法

用右手大拇指与食指捏住距离针头3~4cm的位置，再轻搭上中指。用大拇指与食指转动钩针，中指既可以辅助，又可以支撑织片。

挂线方法

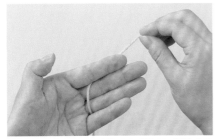

1 右手捏住线头，线团侧位于左手的小拇指侧，将线从小拇指与无名指之间穿出，挂到食指上。

2 用大拇指与中指捏住距离线头5~6cm的位置，食指往上挑，绷紧编织线。

3 将绷紧的编织线挂到右手的针上，开始钩织。

● 锁针起针的方法　将编织线挂到钩针上，织入最初的针脚，接着再钩织必要的锁针，此即起针。

最初的针脚

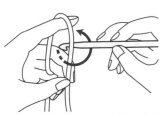

1 从编织线的外侧插入钩针，沿箭头方向转动针头。

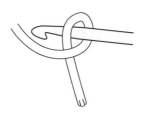

2 在针上缠好编织线。

3 用大拇指与中指捏紧缠好的线圈底部，按照箭头所示挂线。

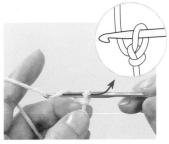

4 再按箭头所示引拔抽出线，拉动线头，收紧线圈。

锁针

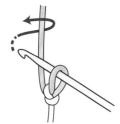

5 按照箭头所示转动钩针，在针上挂线。

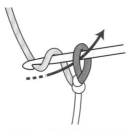

6 按照箭头所示引拔抽出针头处的编织线。

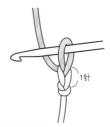

7 钩织完1针锁针。

8 重复步骤5、6，接着钩织锁针。然后按照编织图织入指定的针数。

●编织图的看法

编织图（编织针法记号图）是作品的编织设计图。依照编织记号所表示的方法依次编织。编织图大致分为以下4种样式，一起来看看各式编织图的解读方法吧。

钩织方形

钩织至一端后翻到织片反面，再继续钩织。通常来说都是从右往左钩织，但实际是翻动织片钩织正反两面，因此编织图用往复钩织的方法表示。

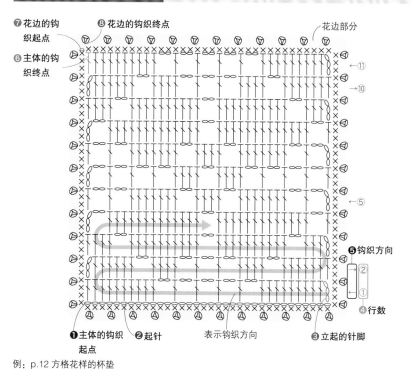

例：p.12 方格花样的杯垫

❶ **主体的钩织起点** 此编织图中包括主体与花边。首先钩织主体。

❷ **起针** 此处织入34针锁针起针。起针不算第1行。

❸ **立起的针脚** 为了接着起针钩织第1行立起的针脚，此处织入3针锁针。钩织完立起的针脚后将织片翻到反面，按照箭头所示继续钩织。

❹ **行数** 表示第几行。简单的编织图中有时也会省略数字。

❺ **编织方向** 按照箭头方向第1行向左、第2行向右钩织。

❻ **主体的钩织终点** 主体钩织结束的位置。

❼ **花边的钩织起点** 开始钩织花边的位置。此处无需接线，钩织完主体后继续钩织花边即可。

❽ **花边的钩织终点** 钩织完花边后，作品完成。

钩织圆形

从"圆环"起针（参照p.15）开始钩织，始终看着正面逆时针旋转钩织。

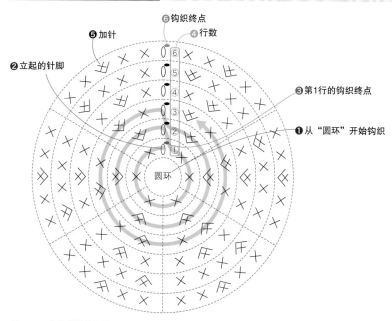

例：p.12 花片拼接的杯垫

❶ **从"圆环"开始钩织** 即钩织"圆环"起针。本书编织图上用"圆环"表述，钩织方法中用"线圈"表述。

❷ **立起的针脚** 在"圆环"起针中织入1针立起的锁针，然后逆时针旋转，钩织第1行（此处为6针短针）。需要注意的是钩织短针时，立起的针脚不算1针，但钩织长针时则要算作1针。

❸ **第1行的钩织终点** 钩织完第1行后，织入最后的引拔针，与立起的针脚拼接。

❹ **行数** 表示第几行。简单的编织图中有时也会省略数字。

❺ **加针** 有规律地加针，增加每行织入的针数，钩织出漂亮的圆形。此处是在指定位置上一行的针脚中织入2针短针。

❻ **钩织终点** 引拔钩织完最终行的引拔针，与立起的锁针拼接，完成。

环形钩织

锁针起针的第1针与最后1针相接呈环形，继而钩织成筒状。
此时通常是看着正面钩织。

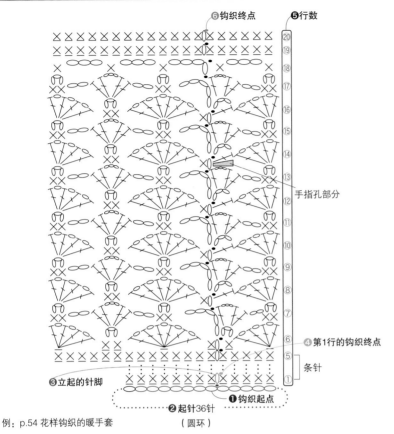

⑥钩织终点　⑤行数

手指孔部分

④第1行的钩织终点

条针

❸立起的针脚

❶钩织起点

❷起针36针

（圆环）

例：p.54 花样钩织的暖手套

❶ **钩织起点**　开始钩织的位置。

❷ **起针**　织入36针锁针，将第1针与最后1针用引拔针拼接成环形。

❸ **立起的针脚**　织入1针锁针，用做立起的针脚，钩织第1行（此处为36针短针的条针）。

❹ **第1行的钩织终点**　钩织完第1行，在最后织入引拔针，并与立起的针脚拼接。

❺ **行数**　表示第几行。简单的编织图中有时也会省略数字。

❻ **钩织终点**　钩织完最终行的引拔针，并与立起的锁针拼接，完成。

花片拼接

钩织完第1块花片后，从第2块开始在最终行指定的位置，将其与上一块花片拼接在一起。

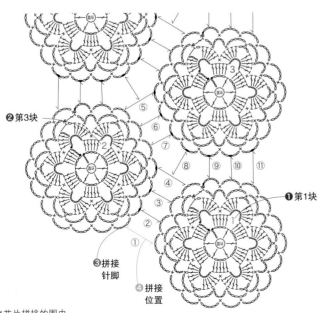

❷第3块

❶第1块

❸拼接针脚

❹拼接位置

例：p.41花片拼接的围巾

❶ **第1块**　数字表示第几块花片。按照编织图，从线圈开始钩织，完成第1块花片。

❷ **第2块**　从线圈开始钩织，用同样的方法钩织花片。钩织最终行时，与第1块花片拼接。

❸ **拼接针脚**　与上一块花片拼接的针脚用●表示。

❹ **拼接位置**　钩织至●位置后，将钩针插入箭头尖所示的上一块花片的针脚中，织入引拔针拼接。之后的拼接也是在箭头尖所示的针脚中进行。拼接针脚较明显时，也会省略箭头。

杯垫

用基本的钩织方法即可织出可爱精致的杯垫。
休闲放松的时候就想用这些杯垫来装饰心情。

A

B

C

♣设计/Kanno Naomi　钩织方法……p.12~13

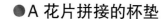

●A 花片拼接的杯垫

10.5cm

10.5cm

3.5cm

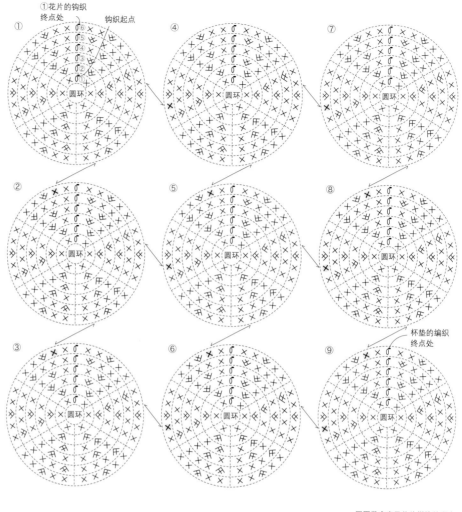

①花片的钩织终点处
①花片的钩织终点处
钩织起点
圆环

杯垫的编织终点处

圆圈数字表示花片拼接的顺序

✻准备材料

编织线：Wash Cotton *Crochet* 本白5g、
粉色6g，各🧶

✻钩织方法

1 圆环起针（参照p.15）后开始钩织，
先织入圆形花片。

2 从第2块开始，钩织完最终行的拼接
针脚（箭头所示的位置）后，暂时取
出针。箭头插入拼接侧的针脚中（箭
头的另一侧），引拔抽出之前取出针
脚的线圈，然后钩织下面的针脚，继
续钩织。

3 同样的织片钩织9块。

⬭	锁针
⬬	引拔针
✕	短针
⋎	短针1针分2针

●B 方格花样的杯垫

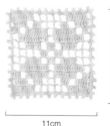

11cm

11cm

成束挑起钩织

包住上一行的锁针，完
全挑起后进行钩织。

在针脚中钩织

将钩针插入上一行长针
的头针锁针中进行钩
织。

✻准备材料

编织线：Flax C白色8g🧶
针：钩针3/0号，缝衣针

✻钩织方法

1 锁针起针（参照p.15），织入
34针。再按编织图钩织11行。

2 接着钩织花边。

⬭	锁针
⬬	引拔针
✕	短针
⊤	长针
⬭	锁针3针的引拔针小链针

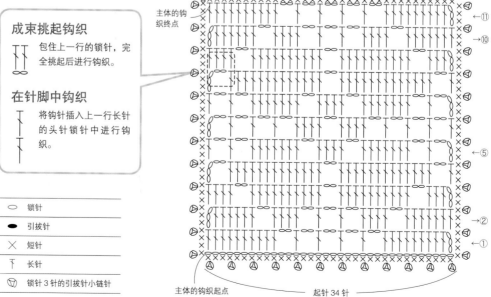

花边的钩织终点
花边的钩织起点
主体的钩织终点

←⑪
→⑩

←⑤

→②
←①

主体的钩织起点
起针34针

●C 雏菊杯垫

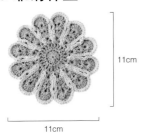

11cm
11cm

＊准备材料

编织线：paume crochet（草木染）黄色6g、灰色5g，各●

针：钩针3/0号，缝衣针

＊编织方法

1 用灰色线进行圆环起针（参照p.15）后开始钩织，按照图示
   方法织入6行主体。

2 按照左图所示，用黄色线编织花边与装饰（绿色部分）。

⌒	锁针
⬬	引拔针
✕	短针
⤋	短针 1 针分 2 针
⊤	长针

花边与装饰

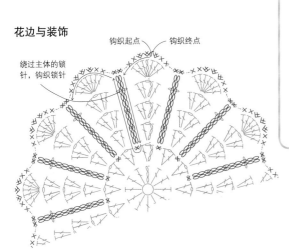

绕过主体的锁针，钩织锁针

钩织起点　钩织终点

成束挑起钩织

包住上一行的锁针，完全挑起后进行钩织。此时，记号的底部呈开口状。

在针脚中钩织

将钩针插入上一行长针的头针锁针中进行钩织。此时，记号的底部呈闭合状。

主体

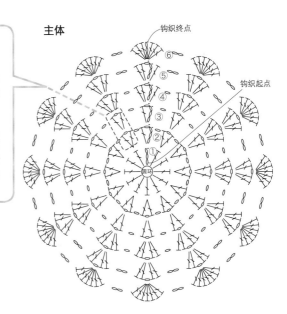

钩织终点
钩织起点

●D 带花边的杯垫

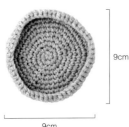

9cm
9cm

钩织终点处
钩织起点处

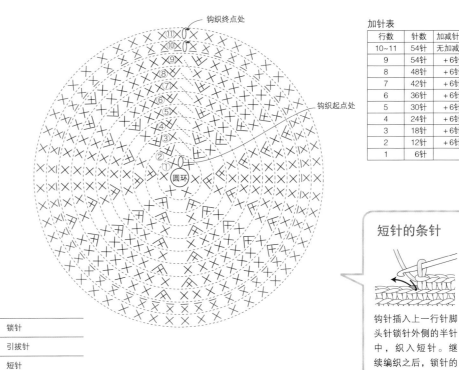

＊准备材料

编织线：纯毛中细蓝色5g、米褐色
   5g，各●

针：钩针6/0号，缝衣针

＊编织方法

1 用蓝色与米褐色线组成的2股线*
   钩织。

2 圆环起针后开始钩织，加针的同
   时织入9行。

3 第10行织入条针，第11行织入短
   针。第10、11行无需加针，将织
   片拉起。

* 分别从两个线团中抽出编织线，对齐后
   用于钩织。

⌒	锁针
⬬	引拔针
✕	短针
✕	短针的条针
⤋	短针 1 针分 2 针

加针表

行数	针数	加减针数
10~11	54针	无加减针
9	54针	+6针
8	48针	+6针
7	42针	+6针
6	36针	+6针
5	30针	+6针
4	24针	+6针
3	18针	+6针
2	12针	+6针
1	6针	

短针的条针

钩针插入上一行针脚头针锁针外侧的半针中，织入短针。继续编织之后，锁针的内侧半针成条纹状排列。

●E 方格色块杯垫

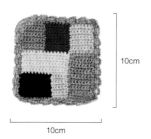

10cm

10cm

＊准备材料

编织线：纯毛中细粉色1g、黑色1g、灰色2g、绿色
　　　　1g、米褐色1g，各

针：钩针3/0号、缝衣针

＊编织方法

1　用黑色线钩织a，米褐色线钩织b，然后用盖针
　接缝的方法将两块缝合。
2　用绿色线在步骤**1**的最终行进行挑针，钩织c。
3　再用绿色线钩织d，粉色线钩织e，接着分别在c
　的最终行进行挑针，同时继续钩织。然后将d与
　e用盖针接缝的方法缝合。
4　用绿色线钩织f。
5　换用米褐色线，在f的最终行进行挑针，钩织g。
6　"abcde"与"fg"用盖针接缝的方法缝合。
7　最后用灰色线织入2行花边。

拼接方法

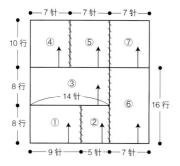

※圆圈数字表示钩织的顺序。

◯	锁针
●	引拔针
✕	短针

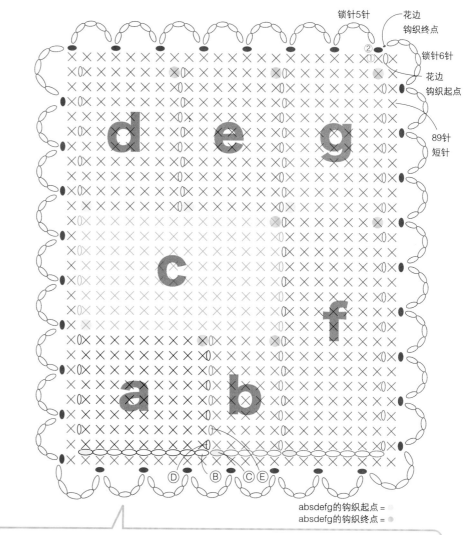

锁针5针
花边
钩织终点
②①
锁针6针
花边
钩织起点
89针
短针

d e g

c

f

a b

absdefg的钩织起点 = ●
absdefg的钩织终点 = ●

织片的拼接方法

织片与织片按照下面的方法，用"盖针接缝"的方法拼接。
※ 照片中茶色的织片为编织图中的a，蓝色织片为编织图中的b。

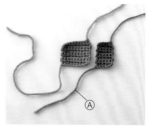

1
无需处理线头，
先留出备用。

2
将步骤1的织片
翻到反面，织片b
钩织起点处的线
头Ⓐ穿入缝衣针
中，然后将其插入
织片a起针顶端的
针脚Ⓑ中。

3
引拔抽出编织
线，将针插入织
片b第1行钩织
起点锁针的Ⓒ
处，抽出编织线。

4
接着将针交替插
入织片a立起的
锁针Ⓓ与织片b
立起的锁针Ⓔ
中，缝合拼接至
顶端。

●F 枣形针杯垫

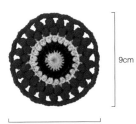

9cm

9cm

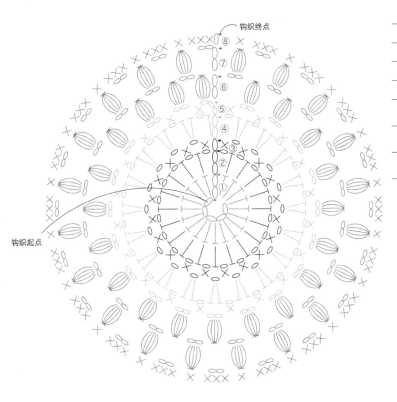

钩织终点

钩织起点

⌒	锁针
⬤	引拔针
✕	短针
T	中长针
Ⅴ	中长针1针分2针
Ⅴ	中长针2针成束挑起钩织
⬡	中长针5针的枣形针成束挑起钩织

*准备材料

编织线：纯毛中细蓝色1g、黄色1g、棕色1g、粉色，3g各◉

针：钩针3/0号针，缝衣针

*钩织方法

1 用黄色线织入5针锁针起针（参照下述部分），然后钩织第1行。

2 换用棕色线，钩织第2行与第3行。

3 再换用蓝色线，钩织第4行与第5行。

4 最后换用粉色线，钩织第6、7、8行。

Point **圆形的钩织方法** 圆形钩织方法的起针有以下两种。可根据设计自由选择起针的方法。

●圆环起针 制作线圈，并在线圈中钩织第1行。中心不留缝隙。

  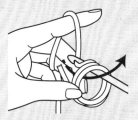  

1 用编织线在左手的食指上缠3圈。

2 从手指中取出编织线，用右手的大拇指和中指押紧。

3 在左手的食指上挂线，将钩针插入线圈中，针上挂线后引拔抽出线。

4 再次针上挂线，引拔抽出线。

5 最初的针脚（立起的针脚）钩织完成，但此针并不计为1针。

●锁针的起针 织入所需的锁针，将其首尾相接连成环形之后开始钩织。中心稍微留有一些缝隙。※ 插图为钩织6针的情况。

 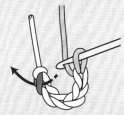 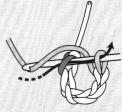  

锁针6针

1 钩织必要针数的锁针，用做圆环的中心。

2 将起针第1针的锁针半针与里山的2根线挑起，插入钩针。

3 针上挂线，引拔抽出线。

4 锁针连成环形后如图。

实物如图所示。

发带

发带是改变发型的小道具。
织片虽然简单，可帅气不减。

用长针即可完成编织！

♣设计/野口智子　钩织方法…p.18
针织衫/Vlas Blomme（Vlas Blomme目黑店）

三条花边合在一起，展现清爽淑女风。

♣设计/野口智子
钩织方法…p.18
连衣裙、开衫/Koloni（Pharaoh）

♣设计/野口智子　钩织方法…p.19
连衣裙/Koloni（Pharaoh）

护耳

给市售的护耳钩上花片，立
刻演绎出别样风情。

● 环形发带

23cm

2cm

*准备材料
编织线：Fair Lady 50灰色10g●、黄色10g●
针：钩针6/0号针，缝衣针
其他：粗约1mm长20cm的皮筋2根，缝纫线

*钩织方法
1 织入80针锁针起针，然后按照图示方法钩织。用灰色线与黄色线钩织2块。
2 将步骤1钩织的2块织片按照图示方法交叉，分别在顶端拼接两根皮筋，固定。

钩织终点

钩织起点

起针 80 针

皮筋的穿法

像这样将皮筋连在一起，收紧。

1 分别在两根皮筋的顶端打结，按照图示方法相连。

2 将黄色的织片穿入灰色的织片中，再夹住步骤1的皮筋，然后在用相应颜色的编织线缝合。

皮筋

缝合

3 压住皮筋，内侧缝合。

⊂▷ 锁针
┬ 长针

● 蕾丝风发带

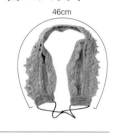

46cm

*准备材料
编织线：Wash Cotton Crochet 茶色6.5g、灰色5g、浅茶色8g，各●
针：钩针3/0号针，缝衣针
其他：粗约1mm长20cm的皮筋2根，缝纫线

*钩织方法
1 按照图示方法钩织三条花边。编织图①用浅茶色线，②用灰色线，③用茶色线钩织。
2 三条花边按照左下图所示摆放，然后用浅茶色线从顶端的针脚中挑15针，钩织2块织片④。
3 将织片④对折夹住皮筋，内侧卷缝，两端缝合（参照左下图）。另一侧也按同样的方法处理。

⊂▷ 锁针
● 引拔针
✕ 短针
┰ 中长针
┬ 长针
♦ 长针 3 针的枣形针
⬡ 锁针 3 针的引拔针小链针

皮筋的穿法

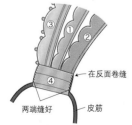

在反面卷缝

两端缝好

皮筋

步骤2钩织的织片两端对折，折痕处与两根皮筋拼接（参照上图"皮筋的穿法"），缝合时注意缝纫线切勿歪斜。

④

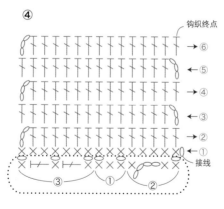

钩织终点

→⑥
←⑤
→④
→③
→①

接线

③ ① ②

①

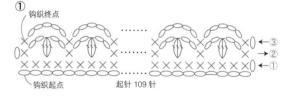

钩织终点

→③
→②
←①

钩织起点

起针 109 针

②

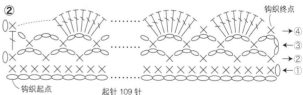

钩织终点

→④
←③
→②
←①

钩织起点

起针 109 针

③

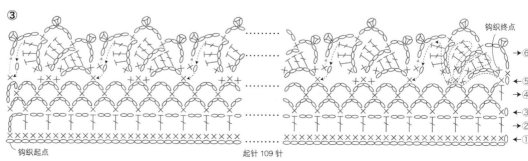

钩织终点

→⑥
←⑤
→④
→③
→②
←①

钩织起点

起针 109 针

●护耳

34cm

11cm

＊准备材料

编织线：Exceed Wool L蓝色7g、粉色3g、
　　　　米褐色22g、茶色20g，各🧶

针：钩针5/0号，缝衣针

其他：市售的护耳1个，缝纫线

＊钩织方法

1　分别钩织拼接在护耳内侧与拼接在护耳
　外侧的花片至第5行，各钩织2块。参
　照外侧各行的配色进行钩织。

2　将内侧、外侧的花片正面朝外相对重
　叠，夹住用做芯的护耳部分，用米褐色
　线织入短针拼接两块花片。内侧与外侧
　的针数不同，外侧部分钩织短针至起点
　内侧的4针处。如此钩织2个。

3　用于缠在头部护耳芯的花片按照下面的
　钩织方法图，用米褐色线钩织1块。

4　用步骤3织好的花片包住头部的护耳
　芯，缝合。再将两端分别缝到护耳部分
　的花片上。

包住护耳芯的部分

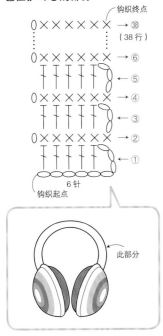

钩织终点

→38
（38行）

→⑥
→⑤
→④
→③
→②
→①

6针

钩织起点

此部分

内侧

钩织终点

钩织起点

⑤ ④ ③ ② ①

圆环

▽ = 接线

针数表

行数	针数	加减针数
5	立起的1针+60针	+15
4	立起的1针+45针	+15
3	立起的1针+30针	+10
2	立起的1针+20针	+10
1	立起的1针+10针	

外侧

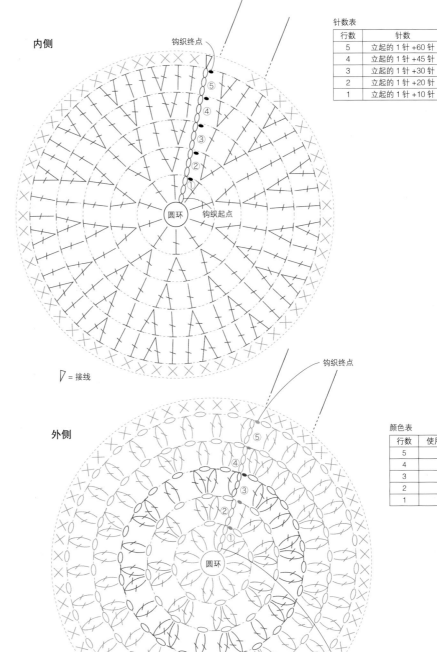

钩织终点

⑤ ④ ③ ② ①

圆环

钩织起点

颜色表

行数	使用线的颜色
5	米褐色
4	蓝色
3	茶色
2	粉色
1	米褐色

护耳芯部分的缝法

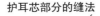
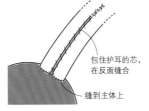

包住护耳的芯，
在反面缝合

缝到主体上

用步骤3包住芯，再用缝纫线在反面缝合，
注意保持针脚平整。两端也用缝纫线缝到
主体上，保持针脚平整。

⬭	锁针
⬬	引拔针
✕	短针
⊤	长针
⋎	长针1针分2针
⋔	长针2针的枣形针成束挑起钩织

19

耳环 & 项链

钩针钩织的饰品纤细柔美，散发着与
众不同的韵味。

♣设计/野口智子　钩织方法……p.22
连衣裙/Koloni（Pharaoh）

链饰

即可一圈圈缠在颈部作装饰，
也能当作发饰使用。

♣设计/野口智子　钩织方法……p.23

耳钉

短时间内即可钩织完成的简单作品。
好想每种颜色都钩织一副。

♣设计/野口智子　钩织方法……p.23
耳环&项链/耳钉/链饰

● 耳环

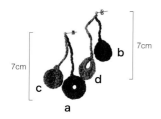

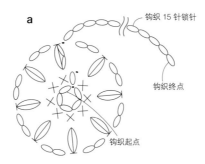

a

钩织 15 针锁针

钩织终点

钩织起点

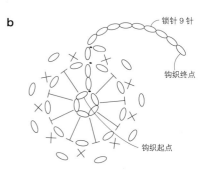

b

锁针 9 针

钩织终点

钩织起点

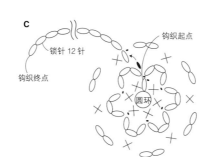

c

钩织起点

锁针 12 针

钩织终点

圆环

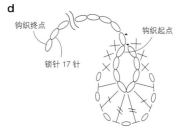

d

钩织终点

钩织起点

锁针 17 针

钩织终点

＊准备材料

编织线：Aprico红色1g、粉色1g，各

针：钩针3/0号，缝衣针

其他：耳环金属配件1对

＊钩织方法

1 用红色线钩织花片a和b，粉色线钩织花片c和d。终点处留出大约15cm的线头。

2 参照插图，拼接耳环用金属配件与花片。

金属配件的拼接方法

将花片 c 的线头穿入金属配件的小孔中，然后用花片 c 的绳带部分处理线头。将花片 a 的线头穿入最初与金属配件拼接的编织线之间，然后用花片 a 的绳带部分处理线头。再用同样的方法拼接花片 b 和花片 d。

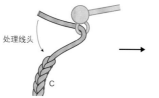

处理线头

c

a

处理线头

线头缠到锁针的里山，进行处理。

⬭	锁针
⬬	引拔针
✕	短针
T	中长针
⊕	中长针 3 针的枣形针
⊤	长针
⫟	长长针

● 项链

47cm

17cm

＊准备材料

编织线：Wash Cotton黑色2g

针：钩针6/0号，缝衣针

其他：直径1.2cm的纽扣1颗，缝纫线

＊钩织方法

1 钩织主体。

2 钩织项链的绳带部分。先钩织55针锁针，再织入1针引拔针，然后按下图的方法放到步骤**1**上，用引拔针拼接。钩织完拼接部分后再织入1针引拔针，接着钩织绳带部分的55针锁针，再制作锁针8针的线圈。最后用缝纫线将纽扣与绳带的钩织起点部分缝在一起。

主体

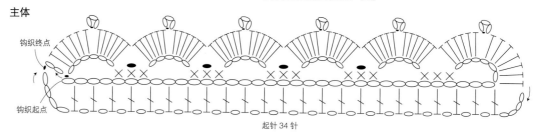

钩织终点

钩织起点

起针 34 针

绳带的钩织方法与拼接方法

⬭	锁针
⬬	引拔针
T	中长针
⊤	长针
⬡	锁针 3 针的引拔针小链针

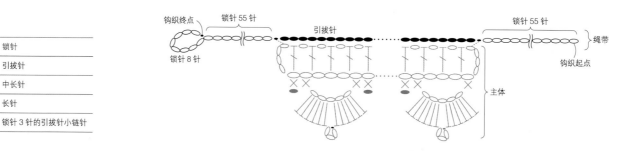

钩织终点

锁针 55 针

引拔针

锁针 55 针

绳带

锁针 8 针

钩织起点

主体

● 链饰

全长85cm

＊准备材料
编织线：Wash Cotton *Crochet* 黄色
2g、黑色1g，各◉
针：钩针3/0号，缝衣针

＊钩织方法
1 按照编织图①开始钩织，中途参照编织图②重复钩织23次。再按照编织图③的方法完成钩织。绳带部分用黄色线，中途的小链针换用黑色线钩织。

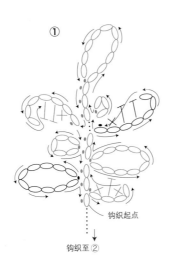

① 钩织起点 钩织至②

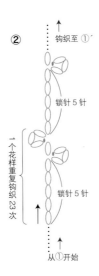

② 钩织至①'
锁针 5 针
一个花样重复钩织23次
锁针 5 针
从①开始

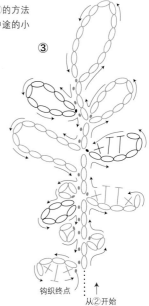

③ 钩织终点 从②开始

◯	锁针
⬬	引拔针
✕	短针
T	中长针
⬭	锁针 3 针的引拔针小链针

● 耳钉

3cm × 2cm

＊准备材料
编织线：Wash Cotton *Crochet* 紫色2g◉
钩针：钩针4/0号，缝衣针
其他：耳钉用金属配件2个

＊钩织方法
1 钩织耳钉的各个部分，均是钩织2块。除③以外，钩织终点处均留出大约15cm的线头。
2 线头缝到①的两端，然后将③缝到插图所示的位置（环形的内侧）。
3 将②缠到①的中央，用线头缝好。
4 将耳钉用金属配件（露出耳垂正面的一侧）放到步骤3缝过的位置，重叠放上④，再用④的线头缝合。
5 另一个耳钉也按步骤2~4的方法钩织。

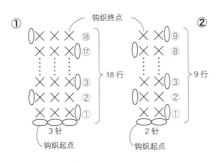

① 钩织终点 18行 3针 钩织起点
② 9行 2针 钩织起点

③ 钩织终点 钩织起点 12 针

④ 钩织起点 钩织终点

各部分的拼接方法

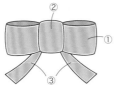

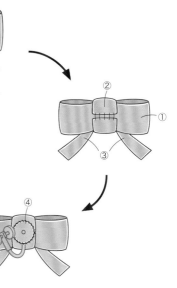

放入①的内侧，缝好固定

耳钉用金属配件缝好后如图所示。

◯	锁针
⬬	引拔针
✕	短针

23

发圈

在圆形皮筋的周围一圈圈钩织，就能制作出可爱的发圈啦！
下面将为大家介绍多种样式的发圈织法。

B

C

A

花环

按照编织图重复钩织出长条织片，
可以挂在窗边或门上做装饰，乐趣无穷。

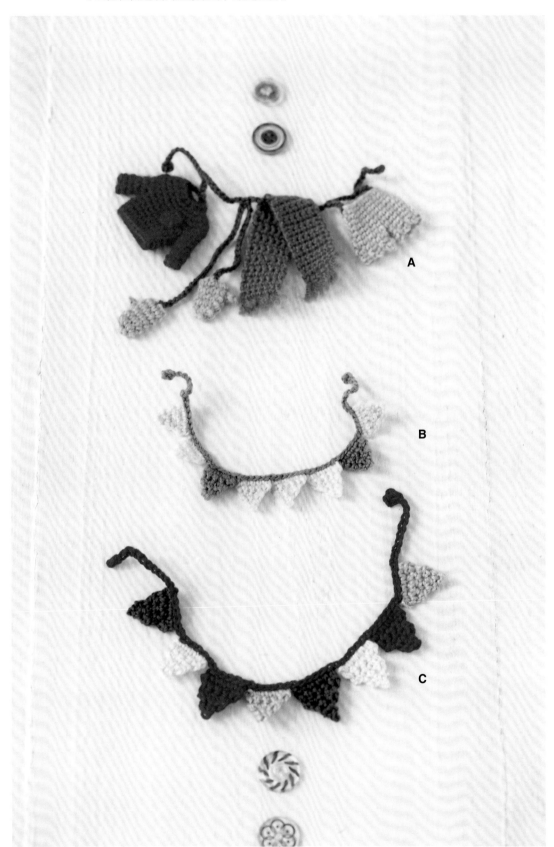

A

B

C

♣设计/野口智子　钩织方法……p.30~31

●A 荷叶边发圈

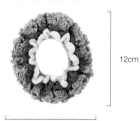

12cm

12cm

＊准备材料

编织线：纯毛中细粉色2g●、蓝色2g●、
灰色10g●

针：钩针3/0号，缝衣针

其他：圆形皮筋 1个

＊钩织方法

1 用灰色线起针，然后按照①的编织图
进行钩织。钩织第1行时将圆形皮筋成
束挑起后钩织短针（参照下图）。

2 按照②的编织图用粉色、蓝色线进行
钩织。

⌒	锁针
●	引拔针
✕	短针
⊤	中长针
⊺	长针
⟐	锁针 3 针的引拔针小链针

①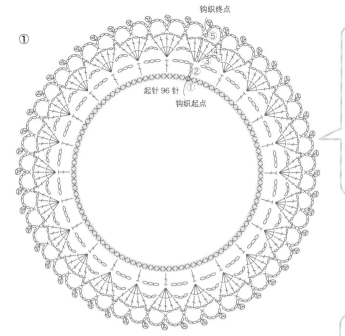

钩织终点

起针 96 针

钩织起点

锁针3针的引拔针小链针的钩织方法（第5行）

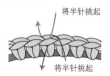

织入1针短针、4针锁针、3针小链针用的锁针，然后按照图示方法，在小链针用的第1针锁针半针中引拔钩织。

②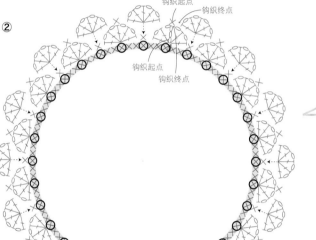

钩织起点

钩织终点

钩织起点

钩织终点

○位置半针的挑针方法

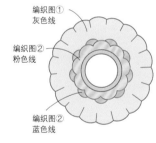

将半针挑起

将半针挑起

在②中将第1行头针的锁针挑起时，用粉色线挑起前侧半针，用蓝色线挑起短针头针锁针的后侧半针。

编织图①
灰色线

编织图②
粉色线

编织图②
蓝色线

How to Make

包住皮筋钩织的方法　看着起点处，包住圆形皮筋钩织。钩织方法多种多样，此作品使用下面的方法钩织。

1 按照起针的方法，先将编织线缠到针上。

2 在圆形皮筋内侧插入钩针，然后针上挂线。

3 抽出挂在针上的编织线。

4 再次在针上挂线，引拔抽出编织线。在皮筋上织入1针短针。

5 重复步骤2~4，在圆形皮筋上继续钩织短针。

●B 流苏发圈

13cm

13cm

○	锁针
●	引拔针
✕	短针

＊准备材料

编织线：Alpaca Mohair Fine黄色4.5g◍、蓝色4.5g◍

针：钩针4/0号，缝衣针

其他：圆形皮筋1个

＊钩织方法

1 用黄色线起针，将圆形皮筋成束挑起，引拔抽出线后织入1针短针。

2 接着按照图示方法钩织流苏。之后换成蓝色线，将圆形皮筋成束挑起，引拔抽出线。然后织入短针和流苏（参照p.27~28）。

3 每根流苏都按同样的方法换色，钩织一圈。此处钩织80针短针。可根据圆形皮筋的直径调整针数。最后将起点处与终点处的线头缠入同色线钩织的锁针中，处理好线头。

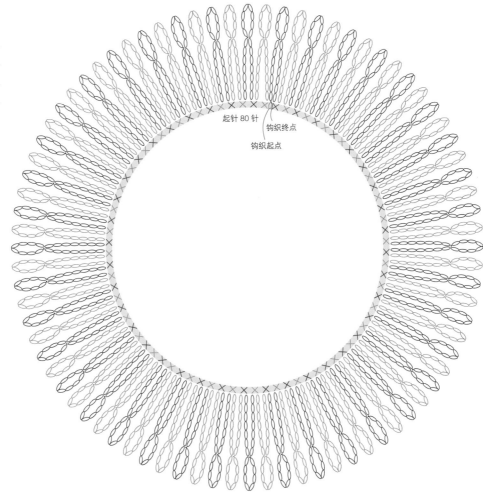

起针80针　钩织终点

钩织起点

How to Make

更换不同颜色编织线的方法

逐一交替更换流苏的颜色，同时钩织发圈。颜色的更换方法请参照下图。

1 按照p.26步骤1~4的方法，用最初的彩色线（作品为黄色）钩织1针短针。

2 接着钩织流苏右侧的7针锁针。

3 再织入流苏顶端圆形部分所需的8针锁针，然后将钩针插入此8个针脚中第一针的半针里。

→下转p.28

27

→上接p.27

 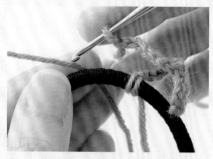 

4 钩织引拔针，形成流苏顶端的圆形部分。

5 接着再钩织流苏左侧的7针锁针，然后准备好接下来要替换的彩色线。

6 钩针从内侧插入圆形皮筋中，将接下来要钩织的编织线挂到钩针上，引拔抽出。

7 再次在针上挂线，引拔抽出，织入短针。

8 接着重复步骤**2~5**，然后钩织流苏，再将步骤**7**暂时停下的编织线拉到手边。

9 重复步骤**2~8**，织入80根流苏。

●C 串珠发圈

13cm

13cm

✳准备材料

编织线：Wash Cotton藏蓝色18g●

针：钩针3/0号，缝衣针

其他：圆形小串珠100颗

✳钩织方法

1 先将所有串珠穿入编织线中。

2 将圆形皮筋成束挑起钩织第1行，然后按照编织图钩织。在编织图的●处织入串珠，钩织方法参照右侧页面。

⬭	锁针
⬤	引拔针
✕	短针
⊤	长针
⋔	长针2针的枣形针成束挑起钩织

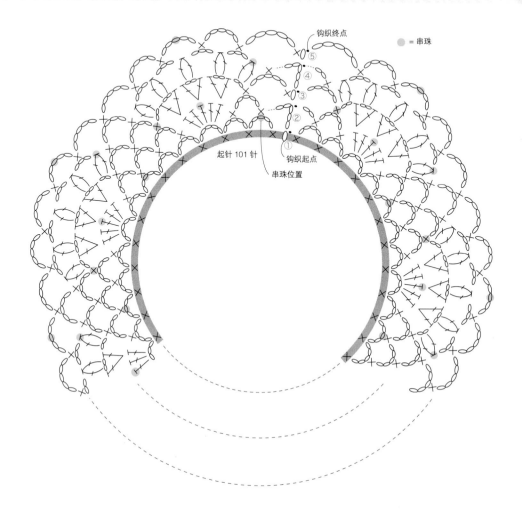

钩织终点

＝串珠

起针 101 针

钩织起点

串珠位置

串珠的钩织方法 一起来学习在发圈中加入串珠的钩织方法吧。

1 将编织线穿入缝衣针中，然后用缝衣针穿串珠，再将串珠移到编织线上，将所有串珠穿在编织线上。

2 按照p.26步骤1~4的方法，包住圆形皮筋织入1针短针。

3 然后在第3针锁针中织入串珠。钩织完2针锁针后，将串珠移到内侧。

4 钩织锁针，将第1颗串珠织入锁针的里山处。

5 继续钩织，在织入第2颗串珠之前，将串珠移到内侧。

6 钩织锁针，再织入1针锁针后如图所示。串珠位于锁针的里山处。

7 在织片的反面织入2颗串珠后如图。

Point **织入串珠** 钩织发圈C，除锁针以外，在短针、长针中均织入串珠。先确认不同的钩织方法，然后开始钩织。

●锁针

1 织入起针之后，将串珠拉到内侧。

2 针上挂线，引拔抽出后织入锁针。

3 如此重复钩织，串珠就会整齐地排列在织片的反面。

●长针

1 在钩织长针最后的引拔针之前，将串珠拉到内侧。

●短针

1 在钩织短针最后的引拔针之前，将串珠拉到内侧。

2 引拔抽出线后，在织片的反面织入串珠。

3 如此重复钩织，串珠就会整齐地排列在织片的反面。

2 引拔抽出线后，在织片的反面织入串珠。如此重复钩织，串珠就会整齐地排列在织片的反面。

●A 迷你衣物花环

~16cm~

花片的颜色与排列方法

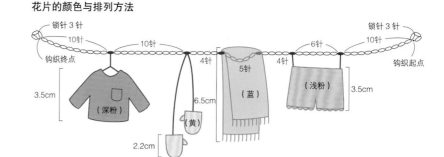

锁针3针　10针　10针　6针　10针　锁针3针
钩织终点　4针　5针　4针　钩织起点
3.5cm　（深粉）　（黄）（蓝）　（浅粉）3.5cm
6.5cm　2.2cm

※准备材料
编织线：纯毛中细深粉色2g、黄色1g、蓝色1g、
　　　　浅粉色2g、蓝色1g，各🧶

针：钩针3/0号、缝衣针

※钩织方法
1 按照编织图钩织毛衣、手套、围巾、裤子的各部分。
2 用灰色线拼接，钩织绳带的同时再按照编织图用引拔针将各部分拼接。

●毛衣

① 领口

从领口开始钩织，然后往胸部钩织5行。之后在各部分挑针，钩织完成。

织入26针　钩织终点
钩织起点
起针15针（圆环）

② 袖子（左侧）（挑6针）

从领口下侧挑6针，钩织4行至袖口处。

侧边　钩织终点 ④③②①　钩织起点
从领口（下侧）挑6针

② 袖子（右侧）（挑6针）

钩织终点 ④③②①　钩织起点
侧边
从领口（下侧）挑6针

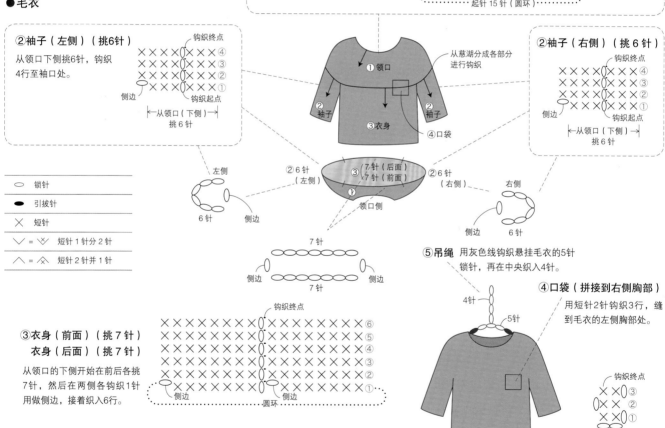

①领口
②袖子　②袖子
③衣身
④口袋
从慈湖分成各部分进行钩织

左侧　②6针（左侧）　③7针（后面）7针（前面）　②6针（右侧）　右侧
6针　侧边　领口侧　侧边　6针

7针
侧边　侧边
7针

⑤ 吊绳　用灰色线钩织悬挂毛衣的5针锁针，再在中央织入4针。

4针
5针

④ 口袋（拼接到右侧胸部）

用短针2针钩织3行，缝到毛衣的左侧胸部处。

钩织终点 ③②①　钩织起点

	锁针
⬬	锁针
⬬(filled)	引拔针
✕	短针
⋁ =	短针1针分2针
⋀ =	短针2针并1针

③ 衣身（前面）（挑7针）
　衣身（后面）（挑7针）

从领口的下侧开始在前后各挑7针，然后在两侧各钩织1针用做侧边，接着织入6行。

钩织终点 ⑥⑤④③②①
侧边　侧边　圆环

●手套 先钩织手套的主体，再钩织大拇指部分，接着缝合成手套的形状。

	锁针
⬬	锁针
⬬(filled)	引拔针
✕	短针
⋀ =	短针2针并1针

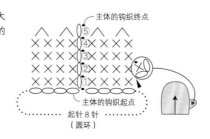

主体的钩织终点 ⑤④③②①
主体的钩织起点
起针8针（圆环）

拼接绳带的方法

钩织终点　钩织起点
锁针50针

●围巾

钩织短针6针35行的织片，制作围巾的主体。

钩织终点
㉟
㉞
㉝
③
②
①
钩织起点
←起针6针→

流苏

将同色的编织线穿入主体的起针与最终行的针脚中，留下1cm长后剪断。

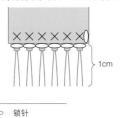

1cm

⊘ 锁针
✕ 短针

●裤子

按照编织图进行加针，在臀部附近钩织裤腿。

① ② ②

②裤腿（左右分别挑11针）

②11针
（左侧）   ②11针
（右侧）

③吊绳

用灰色线在上端的左右两侧各钩织4针锁针，用做悬挂的吊绳。

←4针→

①臀部附近

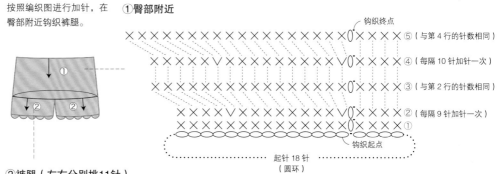

钩织终点
⑤（与第4行的针数相同）
④（每隔10针加针一次）
③（与第2行的针数相同）
②（每隔9针加针一次）
①
钩织起点
←起针18针→
（圆环）

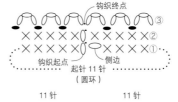

钩织终点
③
②
①
钩织起点   侧边
起针11针
（圆环）

11针   11针

侧边

在编织图①最终行22针的一半处（11针）的针脚中，钩织第1行，最后再织入1针锁针，用做侧边。钩织第2行时，在侧边的针脚上方织入短针，再分成两个裤腿进行钩织。

⊘ 锁针
● 引拔针
✕ 短针
ᐯ = ᐯ 短针1针分2针

●B·C 小旗花环

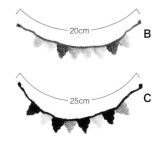

20cm   B

25cm   C

花片

钩织终点
钩织起点

⊘ 锁针
● 引拔针
✕ 短针

＊准备材料

●B
编织线：Four Fly茶色1g、象牙白色1g、粉色1g、淡蓝色1g，各◉
针：钩针3/0号，缝衣针

●C
编织线：Cotton Knoc红色1g、白色1g、蓝色1g、灰色1g，各◉
针：钩针3/0号，缝衣针

＊钩织方法

1 三角旗花片每种颜色钩织2块。
2 钩织拼接绳带，用引拔针将旗子花片钩织拼接到编织图的相应位置。

花片的颜色与排列方法

●B

（茶）
（锁针部分）
粉 象牙白 茶 淡蓝 粉 象牙白 茶 淡蓝
1.5cm

●C
（红）
（锁针部分）
蓝 白 红 灰 蓝 白 红 灰
2cm

花片与锁针的拼接方法

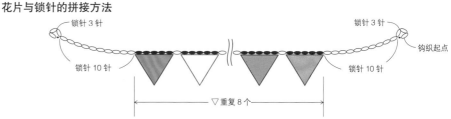

锁针3针   锁针3针
钩织起点
锁针10针   侧边   锁针10针
▽重复8个

31

动物磁铁

人气动物大集合！

♣设计/Miya　钩织方法……p.33

围巾熊和雏鸡玩偶

微微俯首的小熊更可爱哦！

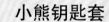

♣设计/Miya　钩织方法……p.34~35

蝴蝶别针

简单又漂亮！

♣设计/Miya　钩织方法……p.33

小熊钥匙套

防止在手提包中找不到钥匙。

♣设计/Miya　钩织方法……p.35

● 动物磁铁

3.7cm

＊准备材料
编织线：Piccolo茶色3g、肤色3g、白色4g、黑色1g、黄色2g、红色1g，各●
针：钩针3/0号、缝衣针
其他：4.0mm的塑料眼睛8颗，4.5mm的玩偶鼻子茶色、黑色各1颗，毛毡（象牙白色、黑色、粉色）少许，棉花（Hamanaka clean颗粒棉）适宜，橙色刺绣线少许，直径13mm的超强磁铁5个，直径3.2cm的圆形厚纸5块，手工用黏合剂，透明胶，黑色圆珠笔，棉棒1根，腮红少许

钩织方法
1 将磁铁放在厚纸上，用透明胶黏好。
2 钩织主体与各部分。钩织终点均留出较长的线头。主体部分钩织至第8行，塞入棉花，再放入步骤1的磁铁，然后钩织到最后。将最终行的针脚挑起，收紧线。
3 再将耳朵、鸡冠缝到主体上。
4 将涂有黏合剂的塑料眼睛插入主体中。
5 钩织脸部，用棉棒将腮红涂在脸颊上。
雏鸡、鸡 用6股橙色刺绣线在嘴巴周围刺绣（直线缝针迹，大约10次）。
熊猫 将黑色的毛毡剪成眼睛的形状，涂上黏合剂，黏在脸上。再将涂有黏合剂的黑色玩偶鼻子插入主体。
小猪 将粉色的毛毡剪成鼻子的形状，用黑色的圆珠笔画出鼻孔，再用黏合剂黏合。然后将白色的毛毡剪成内耳的形状，用黏合剂黏合。
小熊 将象牙白色的毛毡剪成鼻子的形状，涂上黏合剂，黏在脸上。在毛毡上方剪出切口，再将涂有黏合剂的茶色玩偶鼻子插入其中。最后将象牙白色的毛毡剪成内耳的形状，用黏合剂黏合。

主体（1块）

钩织终点
钩织起点

行数	针数	加减针数	备注
10	5	−5	
9	10	−10	
8	20	−10	条针
6~7	30		
5	30	+6	
4	24	+6	
3	18	+6	
2	12	+6	
1	6		

◯	锁针
●	引拔针
×	短针
⊠	短针的条针
∨ = ⋎	短针1针分2针
∧ = 合	短针2针并1针
⋏ = 合	短针2针并1针的条针

鸡冠

钩织终点
钩织起点

小熊·熊猫耳朵（2块）

钩织终点
钩织起点
圆环

行数	针数	加减针数
3	10	
2	10	+5
1	5	

小猪耳朵（2块）

钩织终点
圆环

行数	针数	加减针数
3	7	+1
2	6	+1
1	5	

熊猫眼睛纸样

小熊鼻子纸样

小熊内侧纸样

小猪内耳纸样

小猪鼻子纸样

磁铁的拼接方法

厚纸（直径3.2cm）
磁铁

鸡（与雏鸡相同）

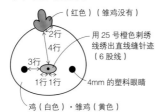

（红色）（雏鸡没有）
2行
4行
用25号橙色刺绣线绣出直线缝针迹（6股线）
3行
4mm的塑料眼睛
1行1针
鸡（白色）·雏鸡（黄色）

熊猫·小熊

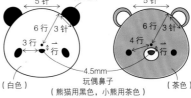

（黑色）
5针
5针
6行 3针
6行 3针
3行
3行
4行
1行
（白色）
4.5mm玩偶鼻子（熊猫用黑色，小熊用茶色）
（茶色）

小猪

5针
6行 3针
4行
（肤色）

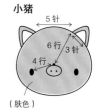

● 蝴蝶别针

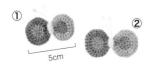

① ②
5cm

棉签（触角用）的拼接方法

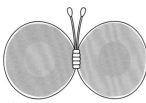

翅膀（4块）

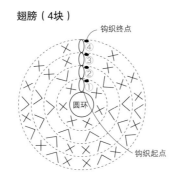

钩织终点
④
③
②
①
圆环
钩织起点

＊准备材料
编织线：Piccolo橙色1g、淡蓝色1g、紫色1g、黄色1g、白色1g，各●
针：钩针3/0号、缝衣针
其他：白色棉签（触角用）2根，长2.5cm的装饰别针2个

＊钩织方法
1 蝴蝶翅膀如正面图示，替换颜色后钩织4块。第3行换色时需留出15cm的线头。上针用做正面，因此要将线头藏在织片正面的针脚中。
2 将两块翅膀（组合方法参照表）的反面翻至正面，并排摆放好。然后将两根对折的棉签放到翅膀的相接点，用白色线缠好棉签，缝合。
3 用步骤1留出的线头将装饰别针缝到正面。

针数与线的颜色表

行数	针数	加减针数	颜色			
			①左	①右	②左	②右
4	24	+6	橙色	淡蓝色	紫色	黄色
3	18	+6	橙色	淡蓝色	紫色	黄色
2	12	+6	淡蓝色	橙色	黄色	紫色
1	6		淡蓝色	橙色	黄色	紫色

金属配件的拼接方法

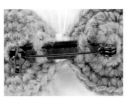

按照图片所示，将金属配件放到织片的正面，然后用同色线将小孔的上下侧缝好。

◯	锁针
●	引拔针
×	短针
∨ = ⋎	短针1针分2针

●围巾熊和雏鸡玩偶

10cm
7.5cm
3.5cm
3.5cm

●围巾熊

＊准备材料

编织线：Fair Lady茶色21g●、淡蓝色3g●

针：钩针4/0号、缝衣针

其他：6.0mm的塑料眼睛2颗、棉花（Hamanaka clean颗粒棉）适量、毛毡（本白色）少许、焦茶色刺绣线少许、手工用黏合剂、棉棒1根、腮红少许、白色缝纫线少许

＊钩织方法

1 按照编织图所示钩织各部分。除身体以外，均需在钩织终点处留出较长的线头。

2 将棉花塞入头部与身体中，用头部留出的线头缝合。

3 将毛毡剪成直径4cm的圆形，然后用白色缝纫线在内侧3mm处拱缝，中间塞入棉花，收紧线。

4 将步骤3做好的鼻子缝到小熊的脸上，再用2股焦茶色刺绣线绣出鼻子（直线缝针迹）。

5 将涂有黏合剂的塑料眼睛插入织片中。

6 用线头将耳朵缝到头上，将毛毡修剪成内耳的形状，涂上黏合剂粘好。

7 在上肢和下肢中塞入棉花，将四肢缝到躯干上，再缝上尾巴。

8 用棉棒将腮红涂在脸颊上。

9 钩织围巾，缠在脖子上，缝好。

头部（1块）

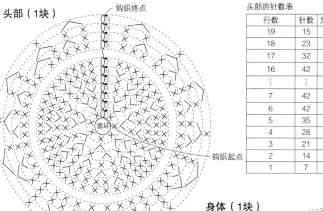

钩织终点
钩织起点
圆环

头部的针数表

行数	针数	加减针数
19	15	−8
18	23	−9
17	32	−10
16	42	
⋮	⋮	⋮
7	42	
6	42	+7
5	35	+7
4	28	+7
3	21	+7
2	14	+7
1	7	

身体的针数表

行数	针数	加减针数
13～15	15	
12	15	−3
11	18	
10	18	−4
9	22	
8	22	−6
5～7	28	
4	28	+7
3	21	+7
2	14	+7
1	7	

身体（1块）

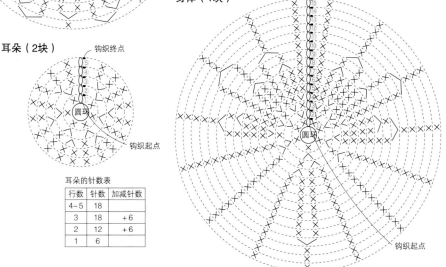

钩织终点
钩织起点
圆环

耳朵（2块）

钩织终点
钩织起点
圆环

耳朵的针数表

行数	针数	加减针数
4～5	18	
3	18	+6
2	12	+6
1	6	

耳朵毛毡纸样（2块）

尾巴（1块）

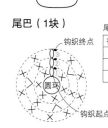

钩织终点
钩织起点
圆环

尾巴的针数表

行数	针数	加减针数
3	9	
2	9	+3
1	6	

下肢（2块）

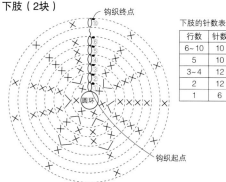

钩织终点
钩织起点
圆环

下肢的针数表

行数	针数	加减针数
6～10	10	
5	10	−2
3～4	12	
2	12	+6
1	6	

上肢（2块）

钩织终点
钩织起点
圆环

上肢的针数表

行数	针数	加减针数
3～7	8	
2	8	+2
1	6	

拼接眼睛·鼻子·上肢·下肢的位置

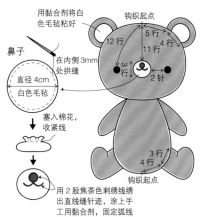

鼻子
直径4cm
白色毛毡

塞入棉花，收紧线

用2股焦茶色刺绣线绣出直线缝针迹，涂上手工用黏合剂，固定弧线

用黏合剂将白色毛毡粘好
钩织起点
12行
5行
4行
11行
3行
2针
3针
3行
3行
4行

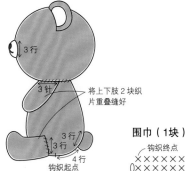

3行
3针
将上下肢2块织片重叠缝好
3行
3行
4行

围巾（1块）

钩织终点
钩织起点
钩织起点
起针35针

●雏鸡

*准备材料

编织线：Piccolo黄色3g

针：钩针3/0号，缝衣针

其他：3.5mm的塑料眼睛2颗，棉花（Hamanaka clean颗粒棉）适量，橙色刺绣线，手工用黏合剂，棉棒1根，腮红少许

*钩织方法

1 钩织主体和翅膀。在翅膀的钩织终点处留出较长的线头。主体部分先钩织至第11行塞入棉花，再继续钩织至最终行。然后将最终行的针脚挑起，收紧。

2 塑料眼睛涂上黏合剂，插入主体中，然后用2股橙色的刺绣线在嘴部进行刺绣。

3 翅膀缝到主体上，最后用棉棒将腮红涂在脸颊处。

主体（1块）

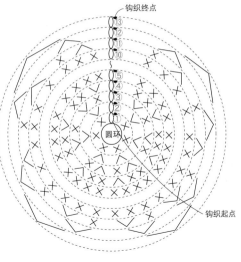

钩织终点
钩织起点
圆环

主体的针数表

行数	针数	加减针数
13	4	-4
12	8	-8
11	16	-8
5~10	24	
4	24	+6
3	18	+6
2	12	+6
1	6	

⊖	锁针
●	引拔针
✕	短针
∨ = ♈	短针1针分2针
∧ = ♈	短针2针并1针

翅膀（2块）

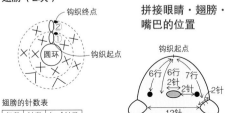

钩织终点
圆环
钩织起点

翅膀的针数表

行数	针数	加减针数
2	8	+2
1	6	

拼接眼睛·翅膀·嘴巴的位置

钩织起点
6行 6行 7行
2针 2针 2针
12针

●小熊钥匙套

5cm
4cm

*准备材料

编织线：Picclo茶色5g

针：钩针4/0号，缝衣针

其他：直径6mm的高脚纽扣2颗，5mm的塑料眼睛1颗，毛毡（本白色）少许，黑色刺绣线、白色缝纫线少许，焦茶色皮革绳带80cm，直径1.5cm的双重钥匙扣，手工用黏合剂，棉棒1根，腮红少许

*钩织方法

1 钩织脸部与耳朵。在耳朵的钩织终点处留出较长的线头。

2 用线头将耳朵缝到脸上。

3 毛毡剪成直径3cm的圆形，然后用白色缝纫线在内侧3mm处拱缝，中间塞入棉花，收紧线。

4 再将步骤3做好的鼻子缝到脸上。

5 用针在鼻子毛毡的上部扎出小孔，将涂有少许黏合剂的塑料眼睛插入其中。

6 然后用2股黑色刺绣线在嘴部周围刺绣（直线缝针迹）。此时，需用黏合剂固定住弧形的刺绣线。

7 从脸部的内侧缝好高脚扣。

8 将毛毡修剪成内耳的形状，用黏合剂粘好。

9 皮革绳带穿入双重钥匙扣中，再从钩织起点第1行的中央穿出2根绳带，按个人喜好随意打结。

10 用棉棒将腮红涂在脸颊处。

脸部（1块）

钩织终点
钩织起点

⊖	锁针
●	引拔针
✕	短针
∨ = ♈	短针1针分2针
∧ = ♈	短针2针并1针

耳朵（2块）

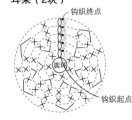

钩织终点
圆环
钩织起点

耳朵的针数表

行数	针数	加减针数
5	10	-5
4	15	
3	15	+3
2	12	+6
1	6	

耳朵毛毡的纸样（2块）

拼接眼睛·鼻子的位置

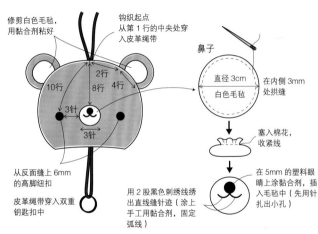

修剪白色毛毡，用黏合剂粘好
钩织起点 从第1行的中央处穿入皮革绳带
2行
10行 8行 4行
3针
3针
鼻子
直径3cm 白色毛毡
在内侧3mm处拱缝
塞入棉花，收紧线
在5mm的塑料眼睛上涂黏合剂，插入毛毡中（先用针扎出小孔）
从反面缝上6mm的高脚纽扣
皮革绳带穿入双重钥匙扣中
用2股黑色刺绣线绣出直线缝针迹（涂上手工用黏合剂，固定弧线）

围巾

用连续直线钩织完成的漂亮围巾。
稍微熟悉钩针钩织之后便可以尝试挑战的作品。
可根据不同的场合，钩织多条围巾搭配。

♣设计/kawaji Yumiko　钩织方法……p.38

36　连衣裙/Koloni（Pharaoh）

色彩缤纷，成熟百搭！

♣设计/Sebata Yasuko
　钩织方法……p.39
衬衣/ Koloni（Pharaoh）、裙子/Vlas Blomme
(Vlas Blomme目黑店)

♣设计/左·Kanno Naomi　右·kawaji Yumiko
钩织方法……左·p.40　右·p.38

♣设计/Kanno Naomi
钩织方法……左·p.40　右·p.41

● 花朵花片围巾

＊准备材料

编织线：Hamanaka Mohair黑色40g、玫瑰色6g、绿色5g

针：钩针5/0号、缝衣针

＊钩织方法

1 用黑色织入33针锁针起针，然后织入2行短针。织入100行单针方格花样，再织入2行短针，如此钩织围巾主体。

2 用玫瑰色线钩织16块花朵花片。

3 用绿色线在围巾主体的上下侧拼接流苏。钩织茎与叶子的同时，用引拔针将花朵花片拼接到编织图的指定位置，每侧拼接8根。

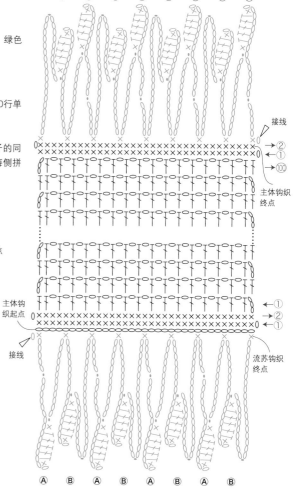

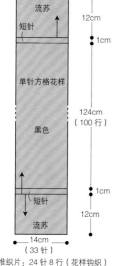

- 流苏
- 短针
- 12cm
- 1cm
- 单针方格花样
- 124cm（100行）
- 黑色
- 1cm
- 短针
- 12cm
- 流苏
- 14cm（33针）

标准织片：24针8行（花样钩织）

花朵花片（16块）

钩织起点

圆环

钩织终点

3.5cm

流苏Ⓐ

圆环

10针

8针

18针

8针

8针

流苏Ⓑ

8针

6针

12针

圆环

5针

接线

主体钩织终点

主体钩织起点

接线

流苏钩织终点

	锁针
●	引拔针
✕	短针
⊤	中长针
⊤	长针

● 花格围巾

＊准备材料

编织线：Sonomono中粗线象牙白色93g

针：钩针4/0号、缝衣针

＊钩织方法

1 织入36针锁针起针，按照编织图钩织主体，织入119行。

2 钩织完步骤1后，按照图示织入1针立起的锁针，再钩织花边。

- 花边 1cm（1行）
- 主体
- 139cm（119行）
- 1cm（1行）
- 13cm（36针）
- 1cm（1行）
- 1cm（1行）

标准织片：28针10行

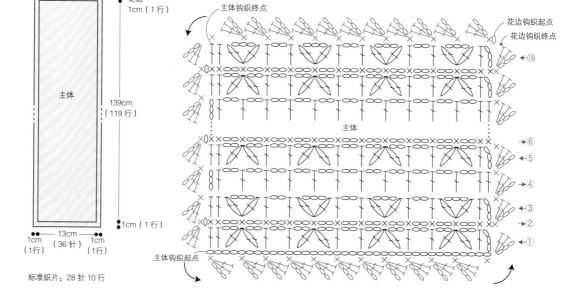

主体钩织终点

花边钩织起点

花边钩织终点

主体

主体钩织起点

	锁针
●	引拔针
✕	短针
⊤	长针
⬙	长针2针的枣形针

●6色围巾

✳准备材料

编织线：Amerry绿色45g●●●、浅绿色
45g●●●、黄色45g●●●
Alpaca Mohair Fine米褐色25g●、
嫩绿色25g●、紫色25g●

针：钩针7/0号、10/0号，缝衣针

✳钩织方法

1 用绿色线织入281针锁针起针。此时使用10/0号钩针。
2 然后更换7/0号钩针，钩织2根30针锁针和30针引拔针的流苏。将流苏的锁针拆分开，织入引拔针。
3 将起针锁针的里山挑起，按照图示方法钩织第1行。
4 接着钩织2根流苏和第2行，剪断线。
5 用浅绿色线钩织2根流苏和第3行，接着钩织2根流苏和第4行，剪断线。
6 再用同样的方法重复钩织，按照图示换线后织入24行。

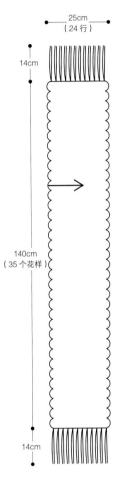

25cm
（24行）

14cm

140cm
（35个花样）

14cm

绿色　浅绿色　黄色　米褐色　紫色　嫩绿色　绿色　浅绿色　黄色　米褐色　嫩绿色　紫色

30 针

钩织起点

起针281针
10/0 号

① ② ③ ④ ⑤ ⑥ ⑦ ⑧ ⑨ ⑩ ⑪ ⑫ ⑬ ⑭ ⑮ ⑯ ⑰ ⑱ ⑲ ⑳ ㉑ ㉒ ㉓ ㉔

剪断线　剪断线　剪断线

钩织起点　钩织起点

钩织终点

30 针

编织线的配色表

行数	颜色
23~24	紫色
21~22	嫩绿色
19~20	米褐色
17~18	黄色
15~16	浅绿色
13~14	绿色
11~12	嫩绿色
9~10	紫色
7~8	米褐色
5~6	黄色
3~4	浅绿色
1~2	绿色

在此锁针中钩织

⟲	锁针
⬤	引拔针
✕	短针
⟋⟍	长针1针分7针
⟋⟍	长针7针并1针

● 荷叶边围巾

＊准备材料
编织线：Sonomono中粗线浅茶色114g ●●●
针：钩针4/0号，缝衣针

＊钩织方法
1 钩织33针锁针起针，再按照图示钩织主体。
2 在主体的两端钩织花边。

主体

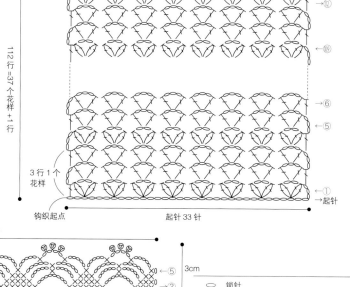

钩织终点
→⑫
→⑩

112行＝37个花样＋1行

3行1个花样

→⑥
←⑤

←①
→起针

钩织起点
起针33针

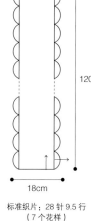

120cm

18cm

标准织片：28针9.5行
（7个花样）

花边

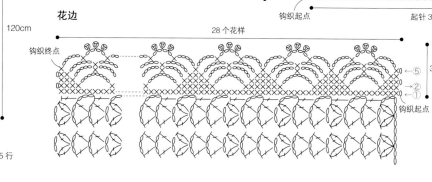

28个花样

钩织终点

3cm

○←⑤
○←②
○←①

钩织起点

⬭	锁针
✕	短针
⊤	长针
🜊	长针2针的枣形针
🜋	长针2针的枣形针成束挑起后钩织
🜌	锁针3针的引拔针小链针

● 连续枣形花样围巾

＊准备材料
编织线：Alpaca Mohair Fine白色56g ●●
　　　　浅灰色56g ●●●
针：钩针4/0号，缝衣针

＊钩织方法
1 织入321针锁针起针，按照图示方法换线后织入24行。

⬭	锁针
✕	短针
⊤	长针
🜨	长针5针并1针

123cm

17cm

标准织片：26针14行

更换不同颜色的编织线
在钩织最后一针的引拔针时，将新替换的编织线挂在钩针上，引拔抽出。

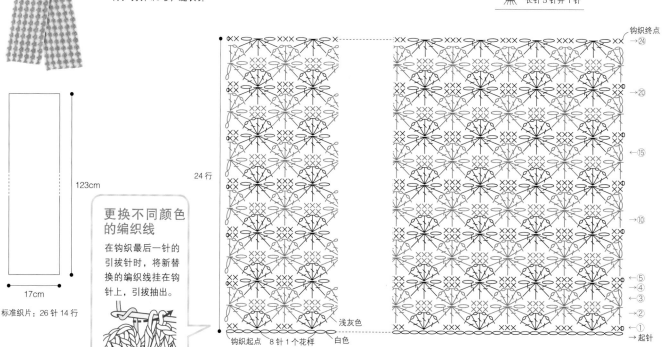

钩织终点
→24

→20

24行

→15

→10

→⑤
→④
→③
→②
→①
→起针

钩织起点　8针1个花样

浅灰色
白色

起针321针＝40个花样＋1针

●花片拼接的围巾

✻准备材料

编织线：Exceed Wool L米褐色125g●●●●、紫色
165g●●●●●

针：钩针5/0号，缝衣针

✻钩织方法

1 从圆环起针开始钩织（参照p.15），然后按照图示方法换色，钩织花片。

2 钩织第2块之后的花片时，在最终行用引拔针钩织拼接，按照图示的顺序钩织24块花片。

花片的拼接方法

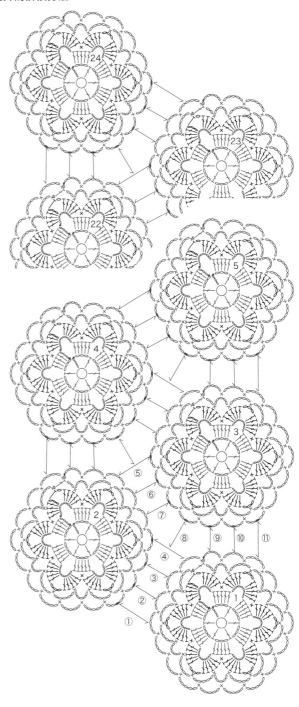

⬭	锁针
⬬	引拔针
✕	短针
T	中长针
₸	长针

137.5cm

22cm

※ 数字表示钩织拼接
花片的顺序

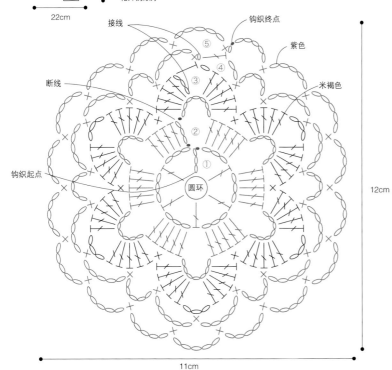

接线
钩织终点
紫色
断线
米褐色
钩织起点
圆环
12cm

11cm

※ 花片的拼接方法参照 p.42 的详细说明。

花片的拼接方法（边钩织边拼接） 钩织最终行时，用引拔针进行拼接的方法。

1 钩织第1块花片，然后继续钩织至第2块花片最终行的拼接位置（●所示的位置）。

2 按照箭头所示，将钩针插入第1块花片的锁针中，成束挑起。

3 针尖挂线。

4 引拔抽出线之后，在p.41"花片的拼接方法"图中❶所示的位置，用引拔针进行拼接。

5 钩织剩余的2针锁针。

6 钩织短针。在两块织片锁针5针的正中央钩织拼接完成后如图。

7 在❷、❸、❹的位置钩织拼接，钩织完最终行后如图所示。

8 第3块也按同样的方法，在❺、❻、❼的位置钩织拼接，钩织❽时，将钩针插入与❹拼接的引拔针中，钩织拼接。

9 再将钩针插入步骤8的引拔针中，针上挂线。

10 引拔抽出线后，在❽的位置用引拔针钩织拼接。

11 然后在❾、❿、⓫的位置钩织拼接，同时继续钩织最终行。

12 3块花片拼接完成后如图。

多款人气单品

连指手套 & 暖手套 / 长款手套

喜欢针织物品的人一定希望自己也能钩织出漂亮的单品。
掌握手指孔的钩织方法后，就可轻松达成愿望。

♣设计/Sebata Yasuko　钩织方法⋯⋯p.48~50
开衫/Koloni（Pharaoh）

用钩针也可以钩织出类似阿兰花样的款式。

♣设计/上·Kanno Naomi　下·野口智子　钩织方法……上·p.51~53　下·p.54

装饰带与上下两侧的设计非常显眼。

圆圈花样钩织的个性手套。
左右手套为非对称设计，
时尚又漂亮。

♣设计/上·野口智子　下·Kanno Naomi　钩织方法……上·p.55　下·p.56

拥有一双嵌入花样的手
套是大家的憧憬。

♣设计/Sebata Yasuko　钩织方法……p.57

手感轻柔，让人充满幸福感。

●钻石花样与条纹花样的连指手套

标准织片：22针12.5行

＊准备材料

编织线：Fair Lady 50粉色30g●，Alpaca Mohair Fine灰色 95g●●●●●

针：钩针6/0号，缝衣针

＊钩织方法

1 用粉色线织入42针锁针起针，呈环形。然后按照图示方法织入4行。

2 换色后用花样钩织的方法织入12行。钩织第13行时，在大拇指处织入13针暂休针，在粉色线钩织的另外2针锁针针脚中接线，然后挑针，钩织至第27。

3 在其他锁针的★处接线，从13针暂休针处挑针，最后从其他锁针里剩下的最后一个针脚处挑针，织入环形的15针，此即大拇指。

4 钩织终点处的线头穿入缝衣针中，将主体与大拇指指尖针脚头针锁针的1股线挑起，钩织一圈，收紧。

5 最后按照同样的方法，钩织另一只手套。右手与左手大拇指的开口位置不同，需要特别注意。

⌒	锁针
●	引拔针
✕	短针
✕	短针的条针
┬	长针
ⱴ	长针1针分3针
⋀	长针2针并1针
⋔	长针3针的枣形针
⋔	长针3针的枣形针成束挑起

左手

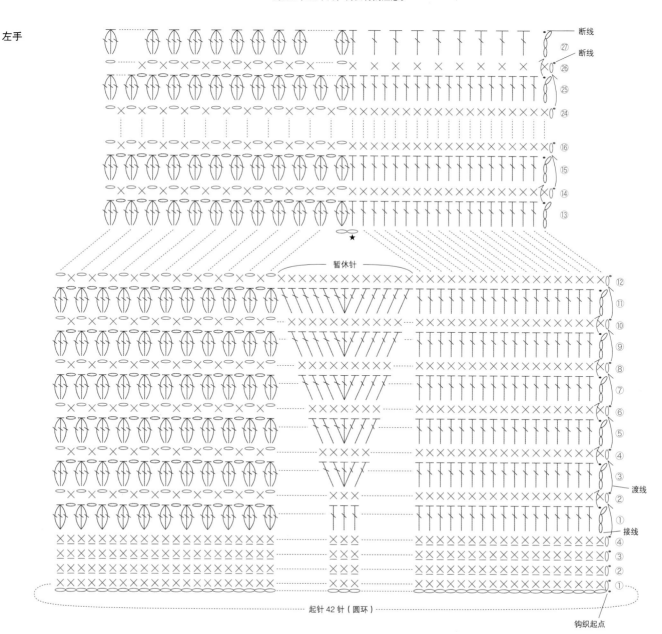

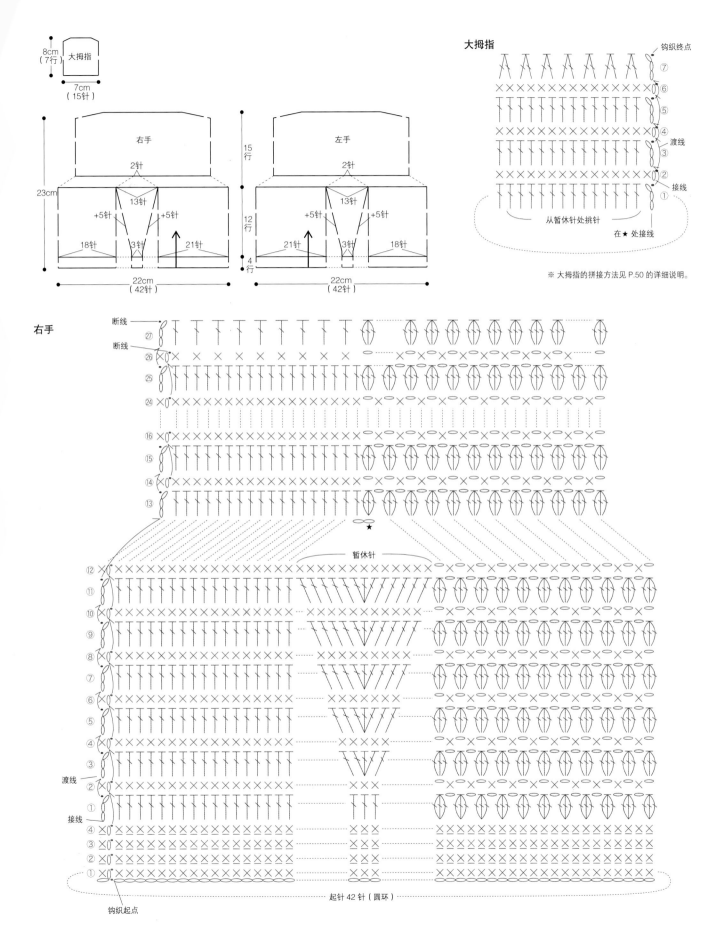

大拇指

8cm
（7行） 大拇指

7cm
（15针）

右手

左手

15行

23cm

2针

13针

+5针   +5针

18针   3针   21针

12行

4行

22cm
（42针）

2针

13针

+5针   +5针

21针   3针   18针

22cm
（42针）

钩织终点

⑦
⑥
⑤
渡线
④
③
②
接线
①

从暂休针处挑针

在 ★ 处接线

※ 大拇指的拼接方法见 P.50 的详细说明。

右手

断线 ㉗
断线 ㉖
㉕
㉔
⑯
⑮
⑭
⑬

★

暂休针

⑫
⑪
⑩
⑨
⑧
⑦
⑥
⑤
④
③
渡线 ②
接线 ①
④
③
②
①

起针 42 针（圆环）

钩织起点

手指的拼接方法 觉得**在连指手套上拼接手指非常难的朋友一定要学习的技巧！**
下面以左手为例进行重点解说。

1 按照编织图所示留出手指孔，继续钩织后如图。在钩织手指之前，将主体的线头藏好。

2 在主体钩织锁针（其他锁针）的位置，按照箭头所示，将钩针插入大拇指侧的针脚中（并列2针中靠右侧的针脚=p.48★的针脚）。

3 插入钩针，引拔抽出线后如图。

4 织入3针立起的锁针，将上一行针脚头针的锁针挑起，按照编织图所示织入1行长针。

拉动线，
缩紧线圈

5 更换编织线的颜色时，先暂时停下白色线。取出钩针，拉大线圈，让线团穿过线圈，收紧线。

6 换成粉色线，抽出线。

7 按照编织图所示，钩织1行短针。

8 按照步骤5的方法，取出钩针，让线团穿过线圈，暂时停下粉色线。

9 换上之前步骤5停下的白色线，抽出编织线。

10 按照编织图所示换线，钩织至最终行。

11 留出大约15cm的线头后剪断，将编织线穿入缝衣针中，再逐一挑起最终行针脚头针锁针的内侧半针。

12 将立起针脚以外的7个针脚挑起之后收紧线，从内侧穿出针，在内侧处理好线头。

●阿兰风格的连指手套

标准织片：20 针 11 行（长针）

21.5cm

10.5cm

＊准备材料

编织线：Sonomono Tweed灰色70g●●●

针：钩针5/0号，缝衣针

＊钩织方法

1　织入40针锁针起针，呈环形。然后按照
编织图织入5行。

2　手背侧加至23针，接着继续钩织7行。

3　第7行钩织完成后，再钩织大拇指孔，在
图示位置（右手、左手的位置不同）织
入另外的7针锁针。

4　钩织第8行时，将大拇指的锁针挑起，再
继续钩织至第19行。

5　最终行每隔1行用缝衣针来回穿2次线，
收紧。

6　从大拇指孔处挑针，手指部分钩织6行，
然后在最终行每隔1针用缝衣针来回穿
两次线，收紧。

◯	锁针
●	引拔针
⊤	长针
V	长针 1 针分 2 针
A	长针 2 针并 1 针
⬬	长长针 5 针的爆米花针
⌇	长针的正拉针（参照 p.67、95）
⌇	长长针的正拉针

长长针 5 针的爆米花针
（钩织方法参照 p.53）

 ＝ ⬬

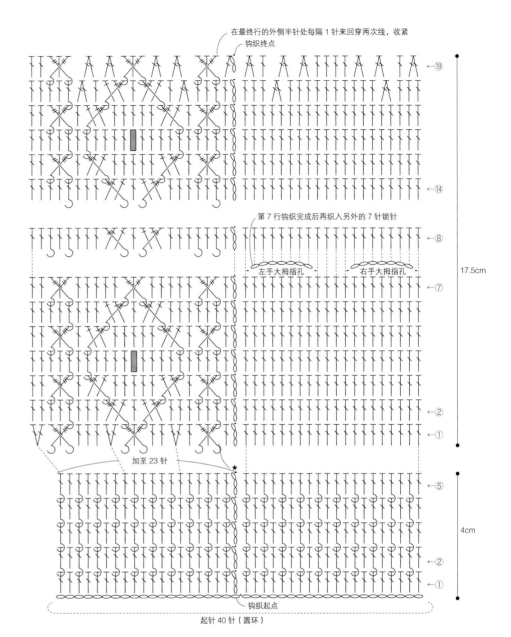

在最终行的外侧半针处每隔 1 针来穿两次线，收紧
钩织终点

←⑲

←⑭

第 7 行钩织完成后再织入另外的 7 针锁针

←⑧

左手大拇指孔　　右手大拇指孔

←⑦

←②

←①

17.5cm

加至 23 针　★

←⑤

←②

←①

4cm

钩织起点

起针 40 针（圆环）

大拇指

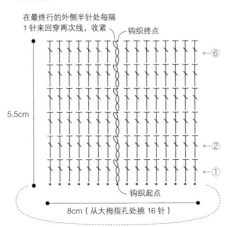

在最终行的外侧半针处每隔
1 针来回穿两次线，收紧　　钩织终点

←⑥

←②

←①

5.5cm

钩织起点

8cm（从大拇指孔处挑 16 针）

从大拇指挑针的位置

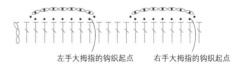

左手大拇指的钩织起点　　右手大拇指的钩织起点

※ 阿兰风格花样的钩织方法详见 p.52。

51

阿兰风格花样的钩织方法　钩织方法虽然看起来稍微复杂一些，但只要看着编织图，慢慢地一点一点钩织就没问题！时不时看一下织片的整体状况，确认针脚的走向。

1 从p.51编织图的★位置（长长针的正拉针）开始钩织。

2 编织线在针上缠2圈，按照箭头所示插入钩针。

3 在步骤2的位置插入钩针后如图。

4 然后在此处织入长长针。

5 之后织入长针。在针上挂线后，按照箭头所示将钩针插入织片中。

6 在此处织入长针。

7 然后再按照左侧图片的箭头所示插入钩针，钩织长长针。钩织完成后如右图所示。

8 按照编织图钩织，花样部分的第1行钩织完成后如图。

9 下一行先织入3针立起的锁针、1针长针。针上挂线后将上一行的针脚挑起（左图），织入长针的拉针（右图）。

10 再按编织图所示，钩织下一个花样的内侧，在针上挂两次线后，按箭头所示插入钩针。

11 在此处织入长长针的拉针。

12 往回移2针，将上一行长针头针锁针的2根线挑起，插入钩针，再织入1针长针。

13 再将钩针插入步骤12挑起的下一针长针头针锁针的2根线中，用同样的方法再织入1针长针。

14 接着将钩针插入箭头所示的针脚中，织入长针。

15 跳过上一行长长针正拉针的1针，接着在下一行织入2针长针。

16 将步骤15跳过的长长针正拉针的尾针处（箭头所示）挑起，插入钩针后织入长长针的拉针。

17 然后按照编织图所示，钩织完此行后如图。

18 用同样的方法，按照编织图所示钩织下一行。

19 钩织下一行（织入花样后的第4行）的爆米花针时，先织入5针长针，从线圈中抽出钩针，再将钩针插入第1针的头针中。

20 钩织爆米花针，织入1针锁针后收紧（参照以下说明）。

21 用同样的方法钩织完4行后如图。

Point **长长针5针的爆米花针** 与枣形针相比，爆米花针的形状更为蓬松圆润。重新插入针后引拔抽出。

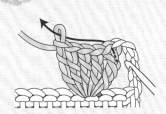

1 织入5针长长针，然后暂时取出钩针。按照箭头所示，将钩针插入最初与最后的针脚（线圈）中。

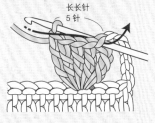

2 按照箭头所示，将针尖处的针脚引拔穿过最初的针脚。

3 针上挂线，织入1针锁针后收紧。

4 钩织完成1针"长长针5针的爆米花针"后如图。

● 花样钩织的暖手套

17cm

10cm

*准备材料
编织线：纯毛中细粉色30g、灰色30g，各 ●
针：钩针6/0号，缝衣针
其他：直径15mm的纽扣 2颗，缝纫线

*钩织方法
1 均用2股线钩织。先织入36针锁针起针，呈环形。然后按照编织图（①主体）织入18行。之后钩织2行短针的条针。再用同样的方法钩织1块主体。

2 在编织图（①主体）的手指孔部分挑15针，然后按照编织图（②手指部分）钩织手指部分。

3 钩织2根装饰带（③装饰带），如插图所示，缝到右手、左手上。

〇	锁针
●	引拔针
✕	短针
✕	短针的条针
∨ = ᐟ∨ᐠ	短针1针分2针
∧ = ᐟ∧ᐠ	短针2针并1针
┬	长针
∀	长针2针成束挑起钩织

①主体

钩织终点

⑳
⑲
⑱
⑰
⑯
⑮
⑭
⑬ ← 手指孔部分
⑫
⑪
⑩
⑨
⑧
⑦
⑥
⑤ ┐
　 │ 条针
① ┘
钩织起点
起针 36 针
（圆环）

装饰带的拼接方法　按照编织图所示，钩织 2 根右手用的装饰带。用于左手的装饰带需按照下图所示调整后拼接。

右手

①  ②

翻到反面，缝好装饰带与纽扣

右手手套直接翻到反面，将③钩织的装饰带按照图示方法放好，用之前留出的线头缝好，再缝上装饰扣。将左手手套的手指部分置于左侧，织片稍稍错开。调整形状后，按照与右手相同的拼接方法，缝上装饰带和纽扣。

左手

① ② ③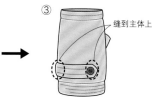

缝到主体上

转动织片，使手指部分位于左端

翻到反面，缝上装饰带与纽扣

②手指部分

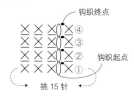

钩织终点
④
③
② 钩织起点
①
挑 15 针

③装饰带

钩织终点
④
③
②
①
钩织起点
起针 16 针

※ 留出线头

54

●圆圈花样钩织的暖手套

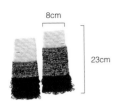

8cm

23cm

＊准备材料

编织线：Sonomono《中粗线》白色34.5g、Alpaca Mohair Fine红色24.5g，各●

针：钩针4/0号，缝衣针

＊钩织方法

1 钩织右手。用红色线织入36针锁针起针，呈环形。按照编织图织入8行。

2 再用红色、白色的2股编织线钩织第9~22行。

3 用白色线钩织第23~33行。第24行用锁针钩织手指孔部分。

4 左手也用同样的方法钩织。编织线换色的位置左右手不同，需要注意。

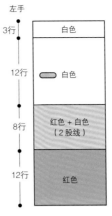
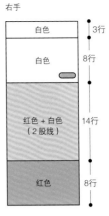

〇	锁针	
●	引拔针	
✕	短针	
✕	短针的条针	
⊠	短针的圆圈针	
┬	长针	

左手　钩织终点

右手　钩织终点

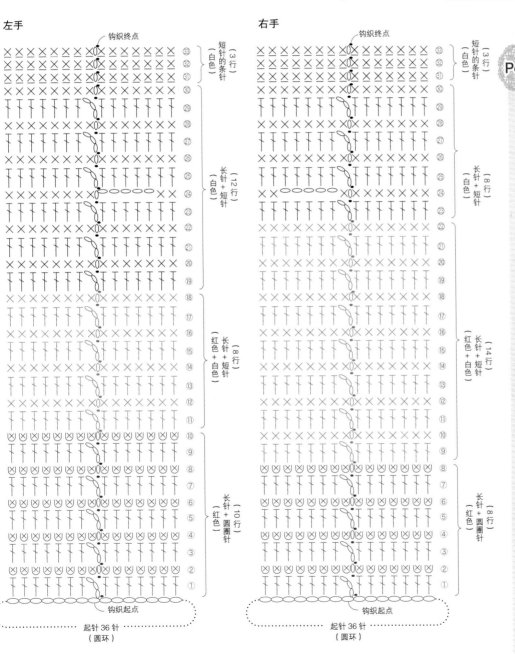

短针的条针（白色）（3行）

长针＋短针（白色）（12行）

长针＋短针（红色＋白色）（8行）

长针＋圆圈针（红色）（10行）

钩织起点

起针36针（圆环）

（右手图右侧标注）
短针的条针（白色）（3行）

长针＋短针（白色）（8行）

长针＋短针（红色＋白色）（14行）

长针＋圆圈针（红色）（8行）

钩织起点

起针36针（圆环）

Point 短针的圆圈针

圆圈出现在反面，因此在钩织圆圈针时，需要看着织片的反面进行钩织。

1 将左手中指置于线的上方压住编织线。

2 一边用左手中指压住编织线，一边插入钩针，将上一行针脚头针锁针的2根线挑起，然后按照箭头所示在针上挂线，引拔抽出后织入短针。

3 取出左手的手指后，线圈即出现在织片的反面。

55

●嵌入花样的连指手套

＊准备材料

编织线：Fair Lady 50茶色60g◍

◍、淡蓝色26g◍◍

针：钩针5/0号，缝衣针

21.5cm

11cm

＊钩织方法

1 织入44针锁针起针，呈环形。然后按照编织图所示，用包住钩织的方法织入嵌入花样。

2 钩织第8行时，留出大拇指孔，织入锁针，再继续钩织至29行。

3 从第30行开始减针，编织线在最终行的4个针脚中穿两次，收紧。

4 从大拇指孔（●印记处）挑针，然后按照编织图钩织，编织线在最终行的8个针脚中穿两次，收紧。

5 从钩织起点的起针处挑针，开口处按照编织图钩织嵌入花样。

6 左手也用同样的方法钩织。

主体

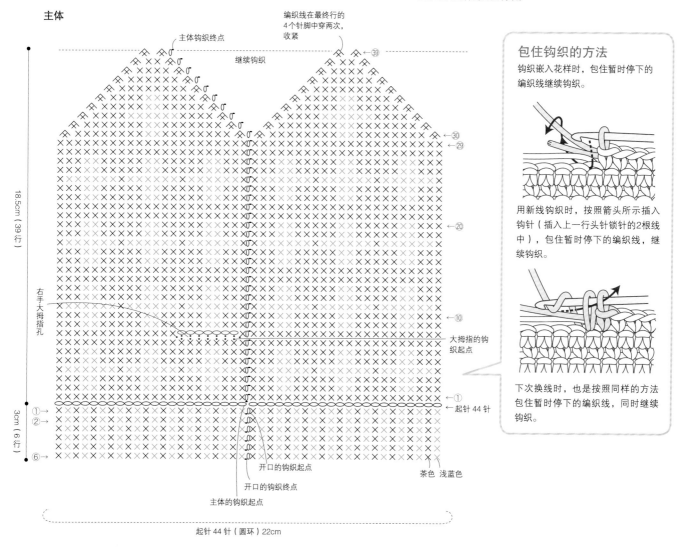

主体钩织终点

编织线在最终行的4个针脚中穿两次，收紧

继续钩织

←39

18.5cm（39行）

←30
←29

←20

右手大拇指孔

←10

大拇指的钩织起点

①

①→ 起针44针
②→

3cm（6行）

⑥→

开口的钩织起点

开口的钩织终点

主体的钩织起点

茶色 浅蓝色

起针44针（圆环）22cm

包住钩织的方法

钩织嵌入花样时，包住暂时停下的编织线继续钩织。

用新线钩织时，按照箭头所示插入钩针（插入上一行头针锁针的2根线中），包住暂时停下的编织线，继续钩织。

下次换线时，也是按照同样的方法包住暂时停下的编织线，同时继续钩织。

大拇指部分

编织线在最终行的针脚中穿两次，收紧

←⑪
←⑩

5.5cm
（11行）

←②
←①

从大拇指孔处挑16针

左手的大拇指孔

大拇指的钩织起点

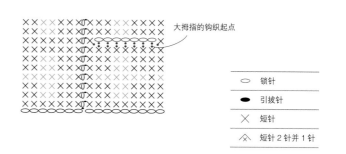

⌒	锁针
●	引拔针
✕	短针
⋀	短针2针并1针

56

素雅的马海毛长款手套

＊准备材料

编织线：Sonomono Three Alpaca米褐色 70g●●●，Silk Mohair Parfit奶油色25g●

针：钩针6/0号、8/0号，缝衣针

※ 将两种线对齐，用2股线钩织

＊钩织方法

1 用8/0号钩针织入40针锁针起针，呈环形。

2 再用6/0号钩针按照编织图所示钩织31行花样钩织。

3 钩织第32行时，跳过大拇指的8个针脚，接着钩织至第42行。

4 在钩织起点侧用8/0号钩针钩织1行花边。

5 用同样的方法钩织另一只手套。右手与左手大拇指的开口位置不同，需要注意。

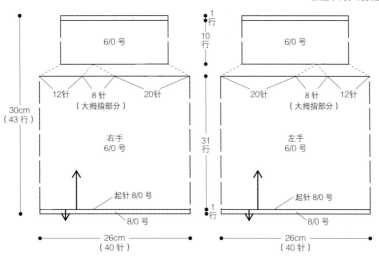

	符号说明
⚬	锁针
●	引拔针
✕	短针
✕	短针的条针
∨ = ✘	短针1针分2针
⊤	中长针
Ⅴ	中长针1针分2针

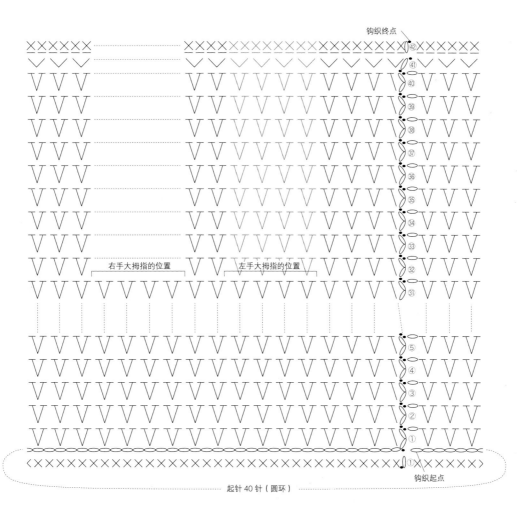

♣设计/Sebata Yasuko　钩织方法······p.59

锅垫

钩织起点留出稍长的线头，与编织线一起钩织嵌入花样，
制作出具有一定厚度的锅垫。

●花朵花样锅垫

4cm

16cm

✳准备材料
编织线：Flax K藏蓝色15g、白色5g
针：钩针5/0号，缝衣针

✳钩织方法
1 在距离藏蓝色线顶端150cm的位置制作圆环，然后开始钩织。包住线头（参照p.60~61），同时织入8行。
2 第9~15行用包住钩织的方法与白色线交替，钩织嵌入花样。
3 边缘需厚实一些，因此要事先准备4根60cm的藏蓝色编织线，用于钩织第16行。
4 最后用锁针与引拔针各钩织20针，制作绳带。绳带的顶端穿入缝衣针中，用藏蓝色线缝到主体上，形成环圈。

	锁针
●	引拔针
✕	短针
∨ =	短针1针分2针

钩织终点
缝合
钩织起点
圆环

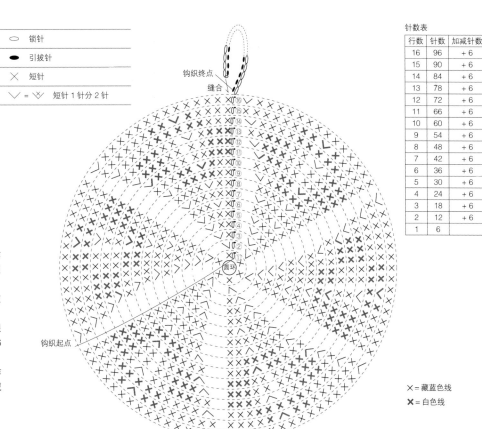

✕ = 藏蓝色线
✕ = 白色线

针数表

行数	针数	加减针数
16	96	+6
15	90	+6
14	84	+6
13	78	+6
12	72	+6
11	66	+6
10	60	+6
9	54	+6
8	48	+6
7	42	+6
6	36	+6
5	30	+6
4	24	+6
3	18	+6
2	12	+6
1	6	

●叶子花样锅垫

4cm

16cm

✳准备材料
编织线：Flax K绿色15g、白色5g
针：钩针5/0号，缝衣针

✳钩织方法
1 在距离绿色线顶端150cm的位置制作圆环，然后开始钩织。包住线头，同时织入8行。
2 第9~15行用包住钩织的方法与白色线交替，钩织嵌入花样。
3 边缘需厚实一些，因此要事先准备4根60cm的藏蓝色编织线，用于钩织第16行。
4 最后用锁针与引拔针各钩织20针，制作绳带。绳带的顶端穿入缝衣针中，用绿色线缝到主体上，形成环圈。

	锁针
●	引拔针
✕	短针
∨ =	短针1针分2针

钩织终点
缝合
钩织起点
圆环

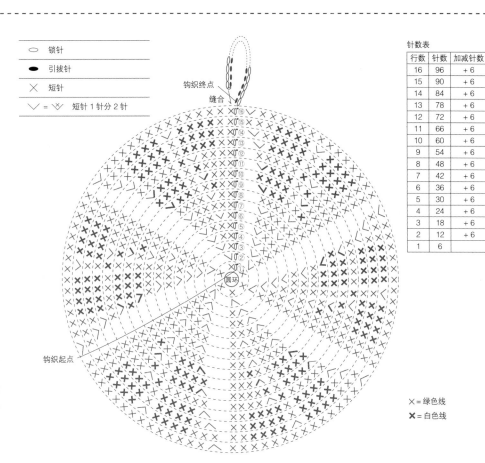

✕ = 绿色线
✕ = 白色线

针数表

行数	针数	加减针数
16	96	+6
15	90	+6
14	84	+6
13	78	+6
12	72	+6
11	66	+6
10	60	+6
9	54	+6
8	48	+6
7	42	+6
6	36	+6
5	30	+6
4	24	+6
3	18	+6
2	12	+6
1	6	

嵌入花样的钩织方法　以嵌入花样的钩织方法为基础，稍微提升一点难度。此处要包住线头一起钩织，让织片更加厚实。

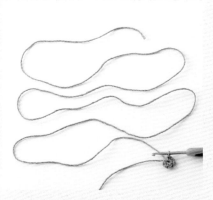

1 先留出150cm的线头，然后开始钩织。按照编织图钩织第1行短针。

2 钩织第1行终点处的引拔针时，将线头放到钩针上。

3 针上挂线后按照箭头所示引拔钩织。

4 第1行钩织完成后如图。然后将线头侧的编织线放到第1行的针脚上。

5 钩织完立起的锁针后，将第1行短针头针的锁针与线头挑起，针上挂线后按照箭头所示抽出线，织入短针。

6 钩织完1针短针后如图，呈包住线头的状态。用同样的方法钩织至第8行。

7 钩织第9行立起的锁针时，将白色线放到织片的上方。

8 顺势将白色线穿入锁针中。如此包住白色编织线，织入1针短针。

9 引拔抽出第2针短针的编织线，最后进行引拔钩织时，将绿色线置于外侧，再挂上白色线。

10 务必将挂在食指上的绿色线置于外侧，再挂上白色线。

11 按照箭头所示引拔钩织。

12 钩织完成第2针短针后如图，白线挂在钩针上。

13 再将白色线挂在左手上。钩针插入下面的针脚中，然后将白色线挂在钩针上。将绿色线的线头与织片重叠。

14 引拔抽出第3针短针的编织线（白色）。

15 将白色线置于外侧，绿色线挂在针上，按照箭头所示引拔抽出。

16 第3针短针钩织完成后如图，绿色线挂在针上。

17 接着再用绿色线钩织2针，白色线钩织4针。如此重复，包住之前暂停的编织线，同时继续钩织。

围巾

围巾既能温暖全身，
还能为服饰的穿搭增加亮点。
钩织方法也非常简单。

♣设计/Kanno Naomi
钩织方法……p.68

松软厚实的围巾
既舒适又保暖。

♣设计/Sebata Yasuko 钩织方法……p.67
T恤、外套、牛仔裤/Vlas Blomme (Vlas Blomme目黑店)

♣设计/Kanno Naomi 钩织方法⋯⋯p.69
长上衣/ Vlas Blomme (Vlas Blomme目黑店)

围脖

清新素雅又能御寒！

♣ 设计/上·下均为野口智子　钩织方法……p.65~66
长上衣/ Koloni（Pharaoh）

拼接领

让平日穿着的衣服别
具一番风味。

试试用拼接领搭配
现有的开衫吧。

●蕾丝拼接领

＊准备材料

编织线：Wash Cotton Crochet 象牙白22g◎

针：钩针3/0号，缝衣针

其他：直径10mm的纽扣 1颗，缝衣针，缝纫线

＊钩织方法

1 织入97针锁针起针，按照图示方法钩织14行。

2 在织片的一端缝上纽扣。

◯	锁针
●	引拔针
✕	短针
T	中长针
⊤	长针
V	长针1针分2针
A	长针2针并1针
⊤	长长针
⌂	短针3针的引拔针小链针

46cm

12.5cm

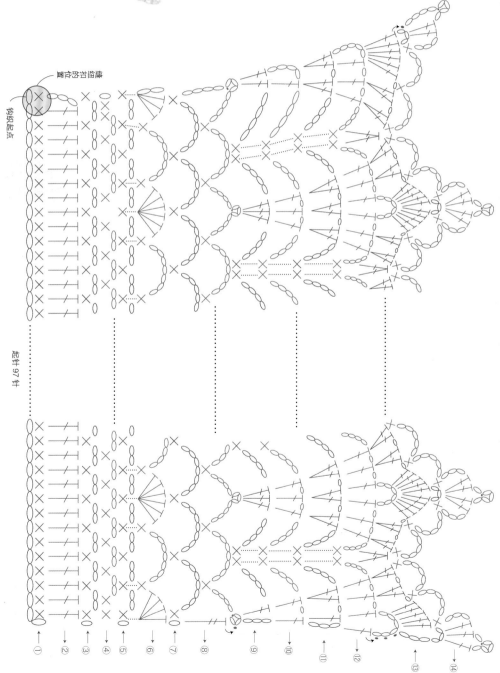

* 为了便于说明，每行换用不同颜色表示，实际都是用象牙白色线钩织。

起针 97 针

起针 97 针

缝纽扣的位置

缝纽扣的位置

钩织起点

① ② ③ ④ ⑤ ⑥ ⑦ ⑧ ⑨ ⑩ ⑪ ⑫ ⑬ ⑭

●随机彩色拼接领

✱准备材料

编织线：Exceed Wool FL灰色11.5g、绿色5g、紫色5g、白色5g、蓝色4g，各◉

针：钩针4/0号，缝衣针

其他：直径10mm的纽扣1颗，缝纫线

✱钩织方法

1 织入98针锁针起针，按照编织图加针，同时钩织8行。仅第1行、第8行用灰色线钩织，其他行按照下面的图片所示，随意用各种颜色线钩织。

2 钩织完成之后，参照图片在领口缝上纽扣。

⌒	锁针
⊤	长针
⋎	长针1针分2针

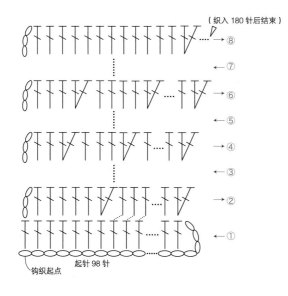

（织入180针后结束）

起针98针

钩织起点

针数表

行数	针数	加减针数
8	180	每隔14针加针一次
7	166	与第6行相同
6	166	每隔5针加针一次
5	140	与第4行相同
4	140	每隔4针加针一次
3	112	与第2行相同
2	112	每隔7针加针一次
1	98	

如果在正面加针，就会出现图片所示的形状。颜色随机变换，会给人留下完全不同的印象。

成品织片

55cm

7cm

●拉针钩织的围巾

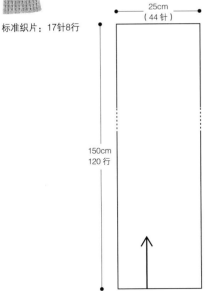

标准织片：17针8行

＊准备材料

编织线：Sonomono Alpaca Lily米褐色

245g⬤⬤⬤⬤⬤⬤⬤

针：钩针8/0号，缝衣针

＊钩织方法

1 织入44针起针，然后用花样钩织的方法按图示织入120行。

2 正面相对折叠，两端用引拔针订缝的方法缝合（参照p.110）。

25cm（44针）

150cm 120行

钩织终点

⑫⑩~①

起针44针　钩织起点

⌒	锁针
⊤	长针
⌂	长针的正拉针
⌐	长针的反拉针

拉针的钩织方法（长针）

熟练掌握拉针后，即便用钩针也能钩织出棒针一样的花样。

此处以上面的编织图为例，详解拉针的钩织方法。

＊为了便于说明针脚，此处采用与实际作品颜色不同的编织线。

＊请参照 p.95 的 "Point"。

1 钩织第2行3针立起的锁针，然后在针上挂线。

2 将上一行长针的尾针挑起后，横向插入钩针。

3 针上挂线。

4 引拔抽出线。此时将线圈拉大。

5 针上挂线，按照箭头所示引拔抽出线。

6 再在针上挂线，按照箭头所示抽出线。

7 钩织完成1针长针的正拉针。

8 按照编织图所示，织入2针长针的正拉针，再钩织2针长针。

9 最后用同样的方法钩织第2行，再钩织第3行5针立起的锁针。第3行以后，奇数行按照"反拉针"的记号进行钩织。由于是看着织片的反面钩织，因此实际上钩织的是正拉针。

●阿兰风格的围巾

＊准备材料

编织线：Amerry芥末色210g ●●●

针：钩针6/0号，缝衣针

＊钩织方法

1 织入41针锁针起针，按照图示方法钩织117行花样钩织。

2 钩织起点与钩织终点用卷针订缝（参照下图）的方法缝合，呈环形。

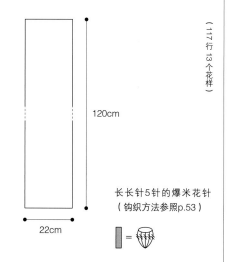

120cm

22cm

长长针5针的爆米花针
（钩织方法参照p.53）

▮ =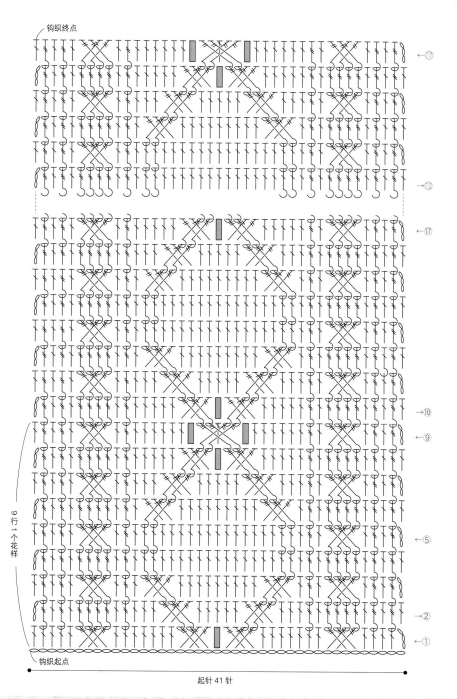

◯	锁针
⊤	长针
⊤	长长针
⬚	长长针5针的爆米花针
⊤	长长针的正拉针

钩织终点

（117行 13个花样）

9行1个花样

长长针5针的爆米花针
（钩织方法参照p.53）

钩织起点

起针41针

←⑰

→⑫

←⑰

→⑩

←⑨

←⑤

→②

①

Point **卷针订缝**（半针/织片正面相对） 织片正面相对合拢，将半针挑起缝合的方法。

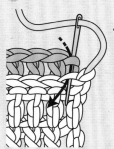

1 两块织片正面相对合拢，将缝衣针由外向内插入锁针内侧的1根线中。再次将缝衣针插入同一针脚中，逐一挑起下针锁针内侧半针的一根线。

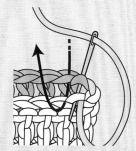

2 逐一挑起下一针锁针内侧半针的一根线。

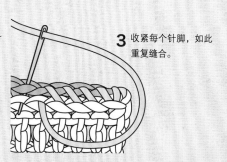

3 收紧每个针脚，如此重复缝合。

凤梨花样围脖

✱准备材料

编织线：Fair Lady 50绿色42g

钩：钩针5/0号，缝衣针

✱钩织方法

1 织入145针锁针起针，呈环形。按照编织图所示钩织15行。

2 钩织蝴蝶结，穿入主体编织图的绿色线部分中。

○	锁针
●	引拔针
✕	短针
⊤	长针

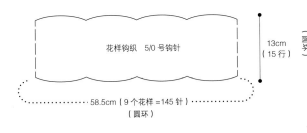

花样钩织　5/0号钩针

13cm（15行）

58.5cm（9个花样＝145针）（圆环）

蝴蝶结

80cm（锁针200针）

钩织终点　　钩织起点

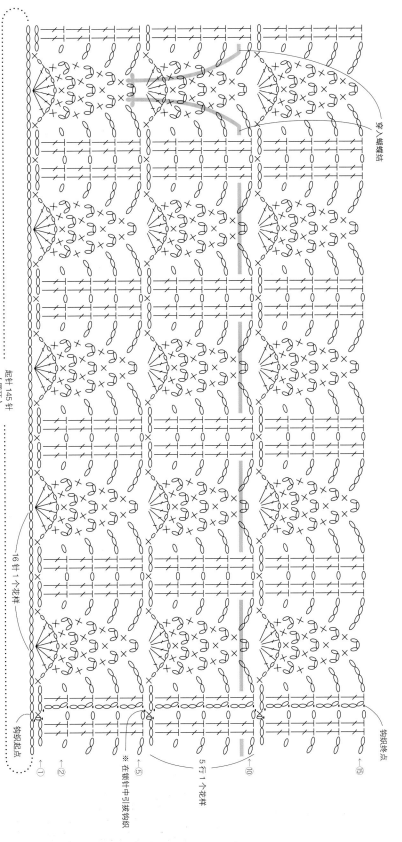

起针145针（圆环）

16针1个花样

穿入蝴蝶结

钩织起点　①　②　⑤　⑩　⑮

※在锁针中引拔钩织

5行1个花样

钩织终点

暖腿袜

钩织时双手便能感受到毛线的温度，
完成后套在腿上就更加温暖了。

♣设计/野口智子
　钩织方法……p.75

仿毛毛线与绒球的设计为
作品增添了几分可爱！

♣设计/Kanno Naomi
　钩织方法……p.75
　连衣裙、打底裤/Koloni（Pharaoh）

钻石花样适合初次挑战阿兰花样的朋友。

短袜

让双脚瞬间变得华丽!
用爱不释手的彩色线钩织而成。

♣设计/左 • Kanno Naomi　右 • Sebata Yasuko
钩织方法……左 • p.77~79　右 • p.80~81

织得稍微大一些，就可以
给男士穿。想与谁穿情侣
款短袜吗?

♣设计/Sebata Yasuko
钩织方法……p.81~82
连衣裙/ Koloni（Pharaoh）
打底裤/Vlas Blomme（Vlas Blomme目黑店）

居家鞋

适合在室内穿着的可爱居家鞋。
穿着它们享受居家慢时光吧。

♣设计/Sebata Yasuko　钩织方法……p.83~85
长上衣、裤子/ Koloni（Pharaoh）

73

让脚踝也充满浓浓的暖意。

贴合脚面的设计，舒适无比。

白色线穗提升可爱度！

● 双色暖腿袜

标准织片：18针8行

＊准备材料

编织线：Amerry茶色76g●●、绿色
64g●●

针：钩针5/0号，缝衣针

＊钩织方法

1 用茶色线织入54针锁针起针，呈
环形。然后按照编织图钩织。从
第18行开始换成绿色线。

2 用同样的方法，按照步骤**1**再钩织
一个。

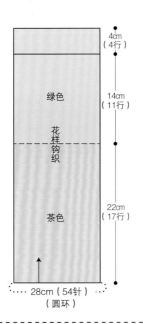

4cm（4行）

绿色

花样钩织

14cm（11行）

茶色

22cm（17行）

28cm（54针）
（圆环）

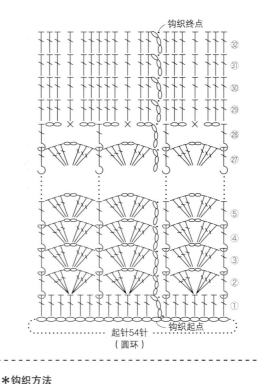

钩织终点

32
31
30
29
28
27

⑤
④
③
②
①

起针54针
（圆环）

钩织起点

○	锁针
●	引拔针
×	短针
⊤	长针
∫	长针的正拉针

● 绒毛暖腿袜

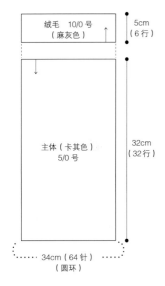

标准织片：19针10行（长针）

＊准备材料

编织线：Fair Lady 50卡其色90g●
●、麻灰色50g●●●

针：钩针5/0号、10/0号，缝衣针

其他：棉线（绒球用）

＊钩织方法

1 用麻灰色线钩织绒毛的装饰部分。织
入36针锁针起针，呈环形。再按照编
织图所示钩织6行。

2 然后用卡其色线从绒毛的钩织起点处
边挑针边加针，加至64针，然后用长
针钩织32行。如此钩织2块织片。

3 钩织2根双锁链针绳带。在钩织起点处
与终点处留出15cm左右的线头。

4 将步骤**3**中织好的绳带穿入主体编织图
中绿色线的位置，然后用灰色线制作绒
球，拼接到绳带的顶端，打蝴蝶结。

5 同样的织片再钩织一片。

绒毛 10/0 号
（麻灰色）

5cm（6行）

主体（卡其色）
5/0 号

32cm（32行）

34cm（64针）
（圆环）

○	锁针
●	引拔针
×	短针
⊤	长针
⋎	长针1针分2针

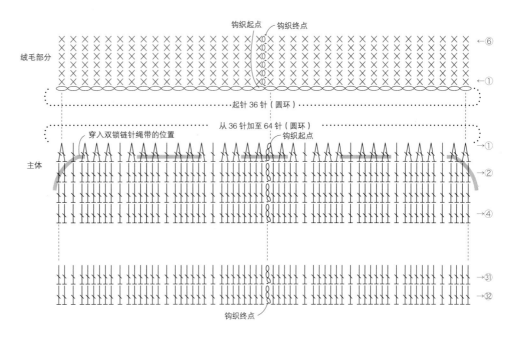

钩织起点　钩织终点

绒毛部分

⑥

①

起针36针（圆环）

从36针加至64针（圆环）

穿入双锁链针绳带的位置

主体

钩织起点

①
②
④

31
32

钩织终点

双锁链针绳带（2根）5/0号

76cm（200针）

※ 钩织方法参照 p.85

绒球（4个）

4cm

在宽4cm的厚纸上缠14圈，
用棉线在中心打结。无需修
剪，调整形状。先将双锁链
针绳带穿入主体中，再将绳
带的顶端缝到绒球的中央。

● 阿兰风格的暖腿袜

标准织片：23 针 11 行

＊准备材料

编织线：Sonomono中粗线浅茶色149g ●●●●

针：钩针4/0号，缝衣针

＊钩织方法

1 织入75针锁针起针，呈环形。然后按照编织图所示，
  重复钩织花样与长针，织入38行。

2 接着按照编织图钩织5行。

⊂⊃	锁针
●	引拔针
⊤	长针
⬮	长针 5 针的枣形针
⅀	长针的正拉针

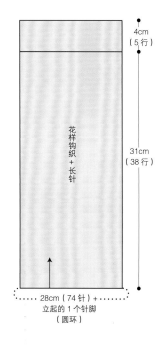

4cm（5 行）

31cm（38 行）

花样钩织 + 长针

28cm（74 针）+ 立起的 1 个针脚（圆环）

钩织方法的配置图

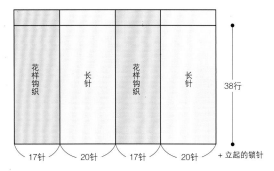

花样钩织　长针　花样钩织　长针

38行

17针　20针　17针　20针　+ 立起的锁针

从立起的锁针开始，按照 20 针长针、17 针花
样钩织、20 针长针、17 针花样钩织的顺序，
继续钩织至第 38 行。

左腿　钩织终点

右腿　钩织终点

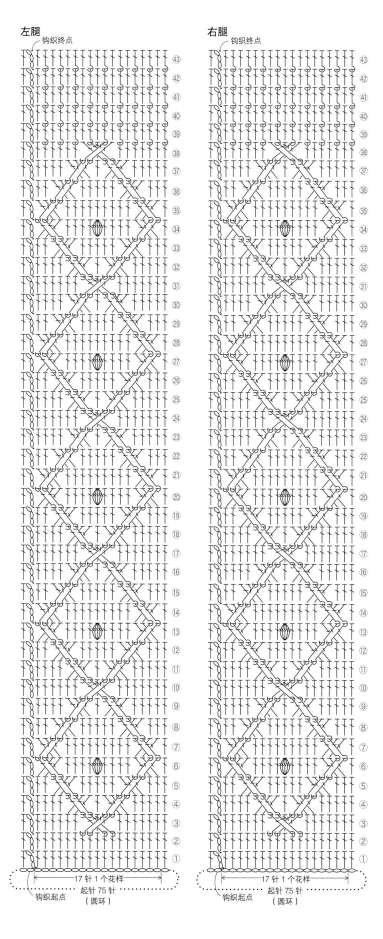

17针 1 个花样　起针 75 针

钩织起点（圆环）

● 花样钩织的短袜

22cm

11cm

22cm

标准织片：花样钩织
24 针、10 行（4 个花样）

＊准备材料

编织线：Fair Lady 50绿色80g●●●

针：钩针5/0号，缝衣针

＊钩织方法

1 从圆环起针开始钩织，袜尖部分织入5行，然后按照编织图所示，在袜尖部分钩织13行，呈环形。

2 接着用往复钩织的方法织入6行袜跟，再从剩余的袜尖针脚处挑针，钩织脚踝处的10行。

3 接着钩织袜口的花边。

4 袜跟开口处用卷针缝合。

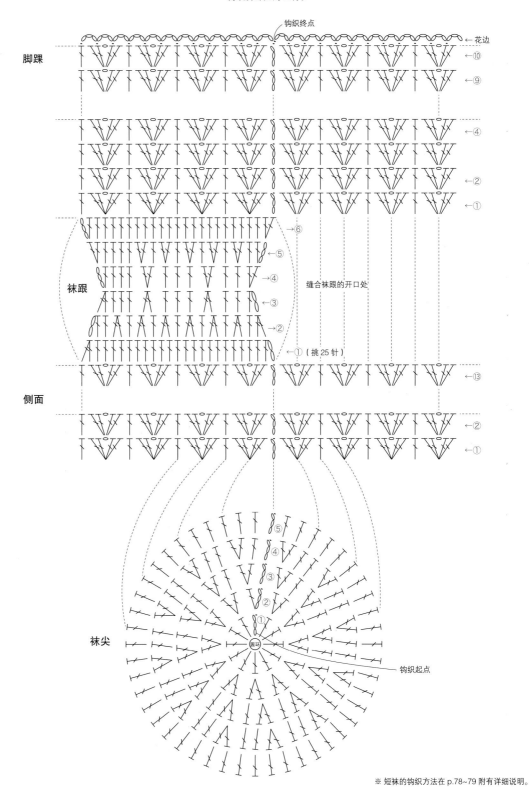

脚踝

袜跟

侧面

袜尖

袜尖的针数表

行数	针数	加减针数
5	48	
4	48	+ 12
3	36	+ 12
2	24	+ 12
1	12	

⌒	锁针
●	引拔针
╀	长针
＜	长针 1 针分 2 针
∧	长针 2 针并 1 针

※ 短袜的钩织方法在 p.78~79 附有详细说明。

短袜的钩织方法　无论是编织图还是成品给人的印象都比较难，但掌握钩织方法的顺序后，就可以顺利钩织完成。一起来看看传统短袜的钩织方法吧！

1 先织好袜尖，接着钩织侧面（脚背与脚掌）的13行。

2 钩织袜跟部分的第1行。先织入2针立起的锁针。此部分无需按照之前的方法钩织成筒状，只需进行往复钩织。

3 袜跟部分的第1行钩织完成后如图。

4 按照编织图所示边减针边钩织3行。

5 从正中折叠步骤4的织片，侧面看如图所示。

6 边加针边钩织3行。

7 从侧面看步骤6如图所示。

8 接着钩织脚踝部分。从袜跟织片的上方开始钩织一半。

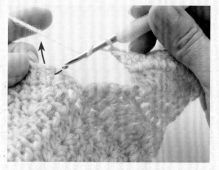

9 钩织完成袜跟部分上一行的针脚之后，按照箭头所示插入钩针，成束挑起针脚后钩织侧面第13行的针脚。

10 将钩针插入步骤9的针脚后如图所示。

11 在步骤9的针脚中进行花样钩织后如图。

12 钩织一圈，将脚踝处拼接成环形。

13 从侧面看步骤12如图所示。

14 接着将脚踝部分钩织成环形。如此钩织3行。

15 从侧面看步骤14如图所示。

16 接着钩织至第10行。

17 继续钩织花边。

18 织入3针锁针，在长针头针中织入引拔针，如此重复钩织。

19 花边钩织完成后如图。

20 袜跟部分的开口处用卷针缝合。按照图片所示，将缝衣针插入锁针外侧的针脚与针脚中。

21 引拔抽出步骤20的编织线后如图。

22 再用同样的方法将缝衣针插入最后的针脚中。

23 引拔抽出步骤22的编织线后如图。

24 线头在反面处理好。

20cm

10cm

23cm

标准织片：28针16行（花样钩织）

● 条纹花样短袜

＊准备材料

编织线：Korpokkur粉色30g●●●、浅粉色30g●●●、
米褐色30g●●、黄色5g●

针：钩针3/0号、缝衣针

＊钩织方法

1　用粉色线织入12针锁针起针，加针的同时钩织袜尖。
2　再用花样与长针钩织袜面与袜底。中途分成左右两侧进行加针。
3　从其他的36针锁针与袜底的36针中挑针，钩织6行袜跟。
4　从步骤3中其他的36针锁针与袜面的30针处挑针，钩织16行脚踝。
5　袜跟用卷针缝合的方法处理。

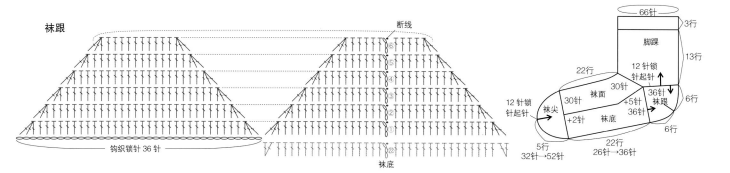

袜跟

断线

钩织锁针36针

袜底

66针　3行

脚踝　13行

22行

12针锁针起针

30针　30针　袜面　36针

12针锁针起针　袜尖　+5针　袜跟

+2针　袜底　36针

5行　22行

32针→52针　26针→36针

6行

6行

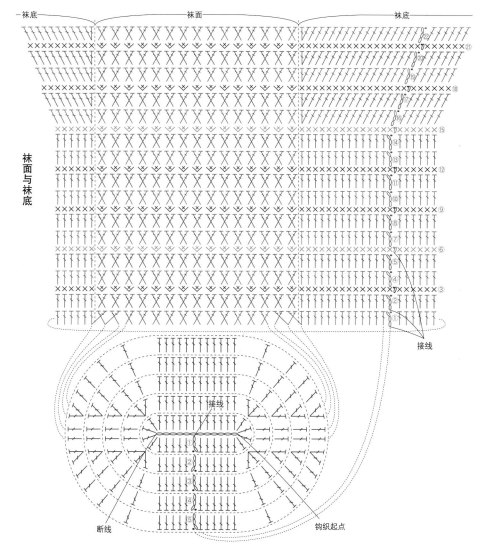

袜底　袜面　袜底

袜面与袜底

接线

接线

断线　钩织起点

袜尖

针数与编织线的颜色表

	颜色	行数	针数
脚踝		16	66
	a	15	
		14	
	c	13	
	b	12	
	c	11	
	c	10	
	b	9	
	a	8	
	c	7	
	b	6	
	a	5	
	c	4	
	b	3	
	d	2	
	c	1	
袜跟		6	24
		5	32
	a	4	40
		3	48
		2	56
		1	64

	颜色	行数	针数
袜面·袜底	b	22	66
	a	21	64
	c	20	64
	b	19	62
	a	18	60
	c	17	60
	b	16	58
	d	15	
	c	14	
	b	13	
	a	12	
	c	11	
	b	10	
	a	9	56
	b	7	
	d	6	
	c	5	
	b	4	
	a	3	
	c	2	
	b	1	
袜尖		5	52
		4	48
	a	3	44
		2	40
		1	32

a　粉色
b　浅粉色
c　米褐色
d　黄色

脚踝

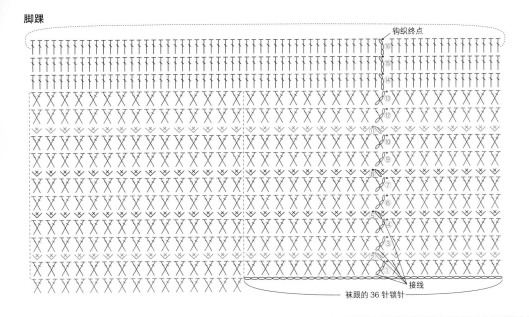

钩织终点

接线

袜跟的 36 针锁针

	锁针
●	引拔针
✕	短针
�	短针 1 针分 2 针
⊤	长针
⋎	长针 1 针分 2 针
⋔	长针 1 针分 3 针
⋏	长针 3 针并 1 针
✗	长针 1 针的交叉针（参照 p.110）

●拉针钩织的短袜（男士用）

＊准备材料

编织线：Korpokkur灰色35g●●、浅灰色35g●
●、淡蓝色25g●、橙色5g●

针：钩针3/0号，缝衣针

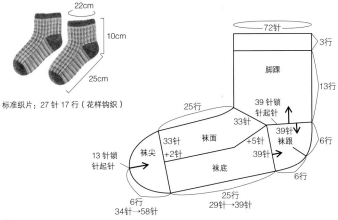

22cm
10cm
25cm

标准织片：27 针 17 行（花样钩织）

72针
3行
脚踝
13行
25行
39针锁针起针
33针
袜面
33针+2针
袜尖
13针锁针起针
+5针
袜底
39针袜跟
39针
6行
6行
34针→58针
25行
29针→39针

＊钩织方法

1 用灰色线织入13针锁针起针，加针的同时钩织袜尖（编织图参照p.82）。

2 用花样钩织与长针钩织袜面与袜底。中途分成左右两侧进行加针。

3 从其他的39针锁针与袜底的39针处挑针，钩织6行袜跟。

4 从步骤3中其他的39针锁针与袜面的33针处挑针，钩织16行脚踝。

5 袜跟用卷针缝合的方法处理。

※ 编织方法图见 p.82。

针数与编织线的颜色表

	颜色	行数	针数		颜色	行数	针数
		16			b	25	72
	a	15			d	24	70
		14			c	23	70
	c	13			b	22	68
	b	12			a	21	66
	d	11			d	20	66
	c	10	72		b	19	64
脚踝	b	9			d	18	
	a	8			c	17	
	c	7			b	16	
	b	6			a	15	
	d	5		袜面·袜底	c	14	
	c	4			b	13	
	b	3			c	12	
	a	2			b	11	
	c	1			b	10	62
		6	30		a	9	
		5	38		c	8	
袜跟	a	4	46		d	7	
		3	54		d	6	
		2	62		c	5	
		1	70		b	4	
					a	3	
					c	2	
					b	1	
						6	58
						5	54
				袜尖	a	4	50
						3	46
						2	42
						1	34

a 灰色
b 淡蓝色
c 浅灰色
d 橙色

脚踝

钩织终点

袜跟的 39 针锁针

接线

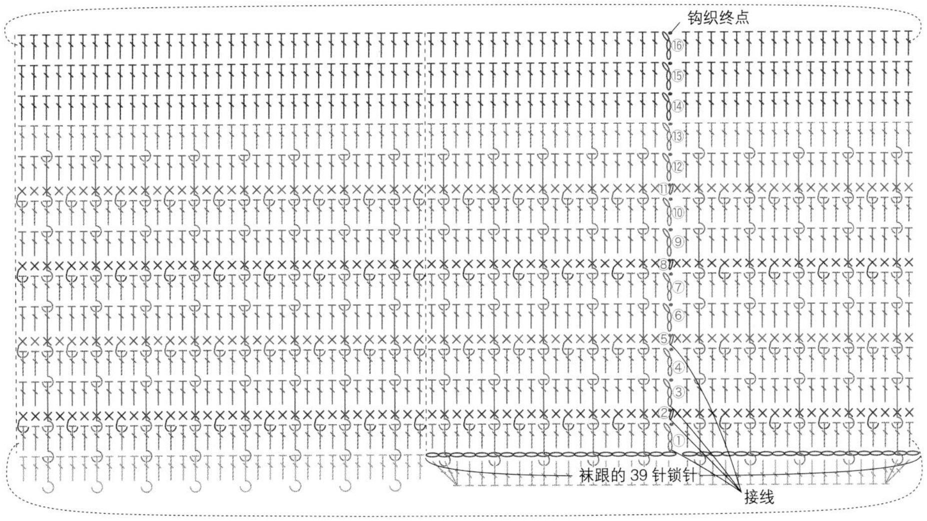

袜跟

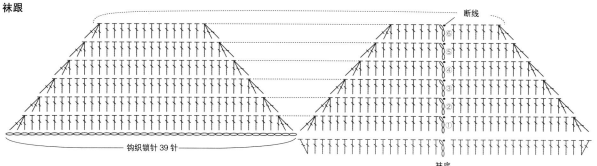

钩织锁针 39 针

袜面与袜底

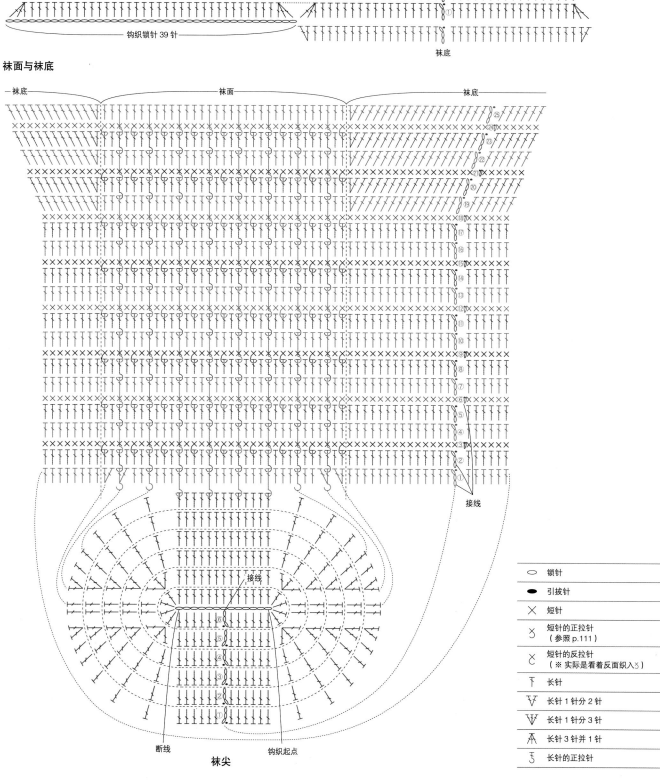

接线

断线　　　　钩织起点

袜尖

◯	锁针
●	引拔针
✕	短针
⌐	短针的正拉针（参照 p.111）
⌐	短针的反拉针（※ 实际是看着反面织入 ⌐）
⊤	长针
V	长针 1 针分 2 针
W	长针 1 针分 3 针
A	长针 3 针并 1 针
⌐	长针的正拉针

● 短靴式居家鞋

15cm
24cm

⬭	锁针
⬤	引拔针
×	短针
×	短针的棱针
∨ = ∨	短针1针分2针
∧ = ∧	短针2针并1针

＊准备材料
编织线：Of Course! 纯白色30g●、蓝色140g●●●
针：10/0号、7/0号、缝衣针
其他：Hamanaka室内鞋用毛毡底 1对

＊钩织方法
1　用10/0号钩针钩织织入5针锁针起针，从鞋尖开始加针。第15行按照右侧面→左侧面的顺序钩织至鞋跟（①主体）。
2　用之前暂时停下的编织线从脚踝部分开始挑35针，织入9行。仅第9行换用白色线进行钩织（②脚踝）。
3　将步骤2的织片正面朝外相对合拢，换成7/0号钩针，在上端接入白色线，织入17针短针后将后面缝合（③后面的订缝方法）。
4　暂时将毛毡底与主体用同色线缝好，注意整体平衡。接入白色线，用短针缝合（④鞋底的拼接方法参照p.85）。
5　用白色线制作线穗（参照p.111），用同色线拼接到脚踝的后侧（参照p.73、74的图片）。

③后面的订缝方法

接线
7/0 号
白色
②脚踝　蓝色　10/0 号
挑35 针
挑17 针
用短针订缝
①主体　蓝色　10/0 号

④鞋底的拼接方法

短针72 针
白色 7/0 号
※ 根据毛毡底的小孔数（70 个），在弧线的转角处加2针，一共织入72 针短针。
毛毡底
24cm
主体
10cm

①主体

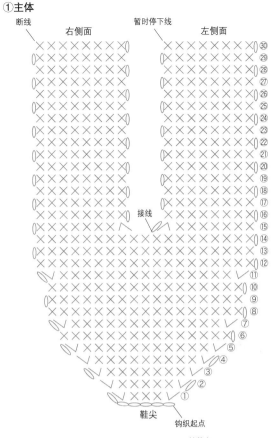

断线　右侧面　暂时停下线　左侧面
30 29 28 27 26 25 24 23 22 21 20 19 18 17 16 15 14 13 12 11 10 9 8 7 6 5 4 3 2 1
接线
鞋尖　钩织起点

②脚踝

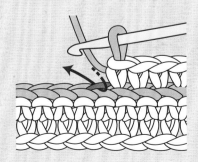

⑨ 白色
⑧ ⑦ ⑥ ⑤ ④ ③ ② ① 蓝色
挑35 针

针数表

行数	针数		加减针数
	左	右	
16~30	8	8	
15	8	8	－ 1
12~14	19		
11	19		＋ 2
8~10	17		
7	17		＋ 2
6	15		
5	15		＋ 2
4	13		＋ 2
3	11		＋ 2
2	9		＋ 2
1	7		＋ 2

Point　短针的棱针的钩织方法

仅需将上一行针脚头针的锁针外侧半针挑起，即可钩织出棱针。

将钩针插入上一行针脚头针的锁针外侧半针中，织入短针。逐行翻转织片，进行往复钩织，在织片的两面钩织出棱针花样。

●懒汉鞋式居家鞋

＊准备材料

编织线：Mens Club Master绿色65g●●、藏蓝色15g●

针：钩针8/0号、7/0号、缝衣针

其他：Hamanaka室内鞋用毛毡底1对

＊钩织方法

1 用8/0号钩针和绿色线织入6针锁针起针，从鞋尖开始钩织。然后从第21行开始钩织右侧面。接着按照左侧面、中央的顺序接线，继续钩织（主体）。

2 将左右侧面的正面朝外相对合拢。用剩余的线钩织引拔针订缝缝合（ⓐ）。

3 换成7/0号钩针，用藏蓝色线在鞋口处织入引拔针（ⓑ），再用短针钩织花边（ⓒ）。接着在底侧的花边处织入引拔针（ⓓ）。

4 毛毡底与主体合拢，注意整体平衡。然后用同色线暂时缝合，之后用短针订缝缝合（ⓔ）。

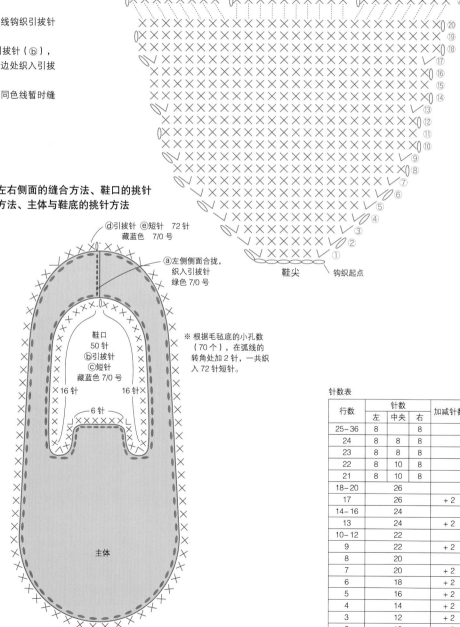

主体

留出50cm的线头后剪断

右侧面　左侧面　断线

主体 8/0号

接线　断线　中央

鞋尖　钩织起点

左右侧面的缝合方法、鞋口的挑针方法、主体与鞋底的挑针方法

ⓓ引拔针　ⓔ短针 72针　藏蓝色 7/0号

ⓐ左侧侧面合拢，织入引拔针 绿色 7/0号

鞋口 50针　ⓑ引拔针　ⓒ短针 藏蓝色 7/0号

16针　16针　6针

主体

※ 根据毛毡底的小孔数（70个），在弧线的转角处加2针，一共织入72针短针。

毛毡底

主体

24cm

10cm

锁针	
○	锁针
●	引拔针
×	短针
∨ =	短针1针分2针
∧ =	短针2针并1针

针数表

行数	针数			加减针数
	左	中央	右	
25~36	8		8	
24	8	8	8	
23	8	8	8	
22	8	10	8	
21	8	10	8	
18~20		26		
17		26		+2
14~16		24		
13		24		+2
10~12		22		
9		22		+2
8		20		
7		20		+2
6		18		+2
5		16		+2
4		14		+2
3		12		+2
2		10		+2
1		8		+2

鞋底的拼接方法 一起来看看居家鞋鞋底的拼接方法吧！
此处使用的是市售鞋底。

  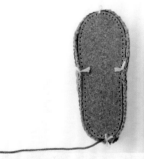

1 主体钩织完成之后，将鞋底准备好。

2 钩针插入主体部分鞋跟的中央处，引拔抽出订缝用的编织线。

3 将主体与鞋底对齐，用其他线固定住四个位置。

4 钩织1针立起的锁针。

5 将钩针插入主体织片与鞋底的小孔中。

6 织入短针。

7 用同样的方法织入短针，拼接主体与鞋底。

8 从鞋底看如图所示。按此方法继续钩织短针。

9 钩织完一周后，拆除其他线即可。

Point **双锁链针绳带** 需要连同留出的长线头一起钩织，因此织出的绳带会更加结实。（使用作品见p.75）

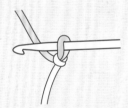 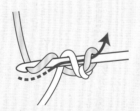  

1 留出长约成品3倍的编织线，织入最初的锁针。

2 将线头侧的编织线从内侧挂到钩针上，然后在针上挂线，引拔抽出。

3 重复步骤2，继续钩织。

4 用此方法钩织双锁链针绳带。

很多朋友都是因为喜欢帽子才开始钩织的吧？
下面将为大家介绍适合各种季节穿戴的帽子。

♣设计/Sebata Yasuko　钩织方法……p.90

♣设计/Kanno Naomi　钩织方法……p.91
连衣裙/Koloni（Pharaoh）

粉色饰边更突出温柔恬静的气质。

♣设计/Sebata Yasuko　钩织方法⋯⋯p.92
连衣裙/Koloni（Pharaoh）

♣设计/野口智子　钩织方法……p.93

素雅的颜色，
适合搭配各种服饰。

♣设计/左·Kanno Naomi　右·野口智子　钩织方法……左·p.94　右·p.95

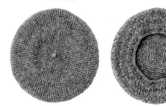

● 贝雷帽

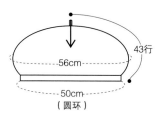

标准织片：16 针 17 行（短针）

56cm
50cm
（圆环）
43行

	锁针
●	引拔针
✕	短针
✕ = ✕	短针 1 针分 2 针
⊤	中长针
⋀	中长针 2 针的枣形针 2 针并 1 针

＊准备材料

编织线：Sonomono Alpaca Lily灰
色75g●●

针：钩针8/0号，缝衣针

＊钩织方法

1 从圆环起针开始钩织，加针的同时继续织入30行。

2 用花样钩织与短针进行减针，同时钩织第31~40行。

3 最后钩织3行花边。

侧面

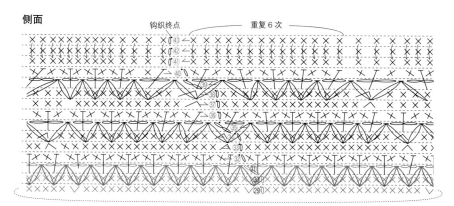

钩织终点　　重复6次

※ 第 31、35、39、43 行分别在第 29、33、37、41 行的针脚中进行钩织。

帽顶

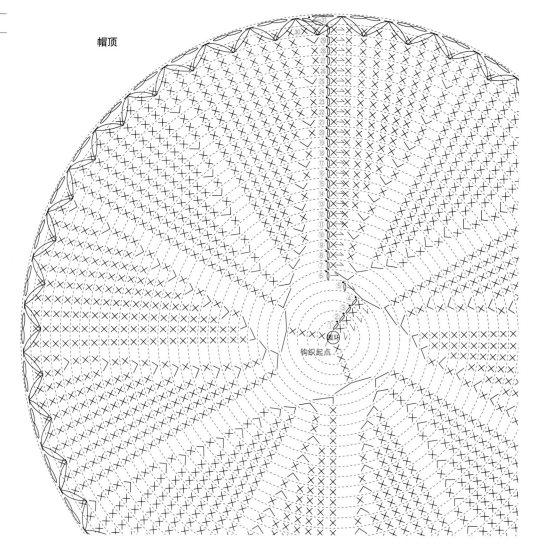

圆环
钩织起点

针数表

行数	针数	加减针数
41~43	84	
40	84	− 6
39	30 个花样	
38	90	− 6
37	96	− 6
36	102	− 6
35	36 个花样	
34	108	− 6
33	114	− 6
32	120	− 6
31	42 个花样	
30	126	
29	126	+ 6
28	120	
27	120	+ 6
26	114	
25	114	+ 6
24	108	
23	108	+ 6
22	102	
21	102	+ 6
20	96	+ 6
19	90	+ 6
18	84	+ 6
17	78	+ 6
16	72	+ 6
15	66	+ 6
14	60	+ 6
13	54	+ 6
12	48	+ 6
11	42	+ 6
10	36	+ 6
9	30	+ 6
8	24	+ 6
7	18	+ 6
6	12	+ 6
5	6	+ 3
1~4	3	

●宽檐帽

标准织片：17针20行（短针）

✻准备材料

编织线：Ecoandaria焦茶色125g●●●●●、
　　　　粉色10g●

针：钩针6/0号，缝衣针

其他：定型线12cm，热收缩管5cm

✻钩织方法

1 用焦茶色线从圆环起针处开始钩织，进行加针的同时钩织19行，再无加减针织入15行。第14、15行换用粉色线钩织。

2 用花样钩织帽檐（边缘部分），最终行的短针用配色线（粉色）包住定型线（保持形状的材料）钩织。

定型线的使用方法

将定型线顶端约3cm处折弯，制作大小刚好够钩针穿入的线圈，拧扭固定。热收缩管剪成2.5cm长，将拧扭部分穿入其中，再吹风机加热使其收缩。开始钩织最终行时，将钩针插入定型线的线圈中，包住定型线进行钩织。终点处也用同样的方法钩织，在钩织最后一针时，连同线圈一起钩织。

⌒	锁针
●	引拔针
✕	短针
⋎	短针1针分2针
┬	长针
⋀	长针5针成束挑起钩织
⋀	长针7针成束挑起钩织

针数表

行数	针数	加减针数
19	96	+8
18 ≀ 16	88	
15	88	+8
14 ≀ 12	80	
11	80	+8
10	72	+8
9	64	+8
8	56	+8
7	48	+8
6	40	
5	40	+8
4	32	+8
3	24	+8
2	16	+8
1	8	

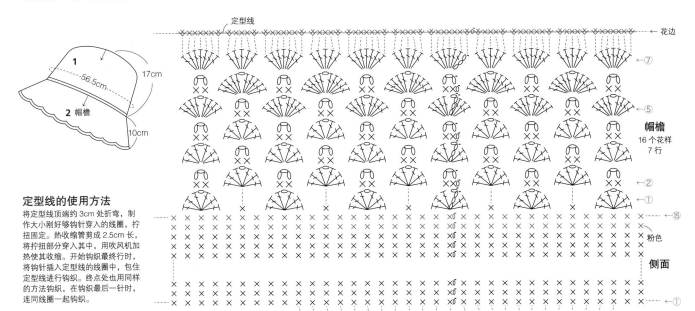

定型线

花边

⑦

帽檐
16个花样
7行

⑤

②
①

⑮
粉色
侧面
①

⑲
⑮
⑩
帽顶
⑤
圆环
96针
焦茶色

56.5cm
17cm
1
2 帽檐
10cm

● 黑色蕾丝&草帽

标准织片：17.5 针 18 行

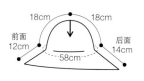

18cm　18cm

前面
12cm　　　　后面
14cm

58cm

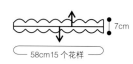

7cm

58cm15 个花样

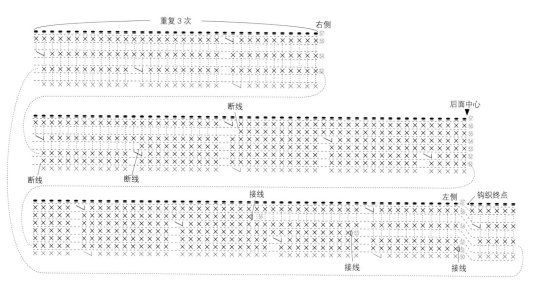

重复3次　　　　　　　　　　　　　　　　右侧

断线　　　　　　　　　　　　　　　　后面中心

断线　　　断线　　　　　　　　接线　　　　　左侧　　钩织终点

接线　　　　接线

＊准备材料

编织线：Ecoandaria草线145g●●●●，Aprico黑色
　　　　20g●

针：钩针6/0号、3/0号，缝衣针

钩织方法

帽子

1 用6/0号钩针从圆环起针开始钩织，加针的同时织入50
　　行，然后暂时停下线。

2 第51行接入新线，钩织半圈（96针）后剪断线。

3 用步骤**1**暂时停下的线钩织第52行，然后再次停下线。

4 按照步骤**2**、**3**的方法，在间隙处逐行钩织至第56行。

5 最后用引拔针的条针钩织一圈。

蕾丝

1 用3/0号钩针织入180针起针，钩织中央与上半部分。
　　起针将锁针的里山挑起钩织。

2 然后将起针锁针外侧的1根线挑起（条针），钩织下半
　　部分。

3 缝到帽子上。

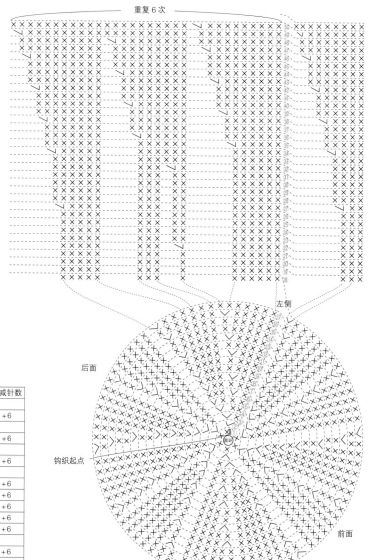

重复6次

后面　　　左侧

钩织起点　　前面

右侧

针数表

行数	针数	加减针数	行数	针数	加减针数	行数	针数	加减针数
16	84	+6	41	144		57	210	
15	78	+6	40	144	+6	56	210	+6
14	72	+6	39	138	+6	55	53	
13	72	+6	38	132	+6	54	204	+6
12	66	+6	37	126		53	75	
11	60	+6	36	126	+6	52	198	+6
10	54	+6	35	120	+6	51	96	
9	54		34	114	+6	50	192	+6
8	48	+6	33	108		49	186	+6
7	42	+6	32	108	+6	48	180	+6
6	36	+6	28~31	102		47	174	+6
5	30	+6	27	102	+6	46	168	+6
4	24	+6	23~26	96		45	162	
3	18	+6	22	96	+6	44	162	+6
2	12	+6	18~21	90		43	156	+6
1	6		17	90	+6	42	150	+6

蕾丝部分

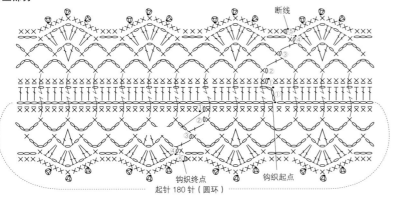

⌒	锁针
●	引拔针
●	引拔针的条针
✕	短针
✕	短针的条针
∨ = ↘	短针 1 针分 2 针
┬	长针
⬗	锁针 3 针的引拔小链针

断线
钩织终点　钩织起点
起针 180 针（圆环）

● 绒球帽

27cm
23cm
标准织片：17 针 11 行

✻准备材料

编织线：Exceed Wool L灰色118g◉
◉◉、黑色7g◉

针：钩针8/0号，缝衣针

其他：宽9cm的厚纸 1张

✻钩织方法

1　织入环形的84针锁针起针。然后按照编织图所示织入25行。

2　用缝衣针将最终行的14个针脚挑起，收紧。

3　在厚纸上剪出切口，用黑色线缠110圈，参照下面的How to Make制作绒球。缝到头顶。

⌒	锁针
●	引拔针
┬	长针
⌘	长针的正拉针

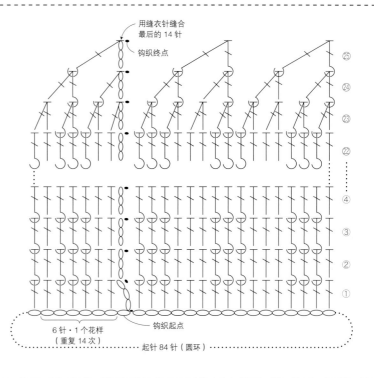

用缝衣针缝合最后的 14 针
钩织终点

6 针·1 个花样（重复 14 次）
钩织起点
起针 84 针（圆环）

How to Make

绒球的制作方法　缠好线，中央系紧，调整成圆形。

＊与作品中使用的线颜色不同。

1　在厚纸上剪出切口，缠线。

2　缠好之后，中央再用线绕两圈，系紧。从厚纸上取出，剪开两端的线圈。

3　拉开线，用剪刀修剪成圆形。

●装饰带贝雷帽

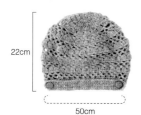

22cm

50cm

标准织片：17针21行（短针、7/0号）

＊准备材料

编织线：Sonomono Alpaca Lily灰色
65g

针：钩针8/0号、7/0号，缝衣针

其他：直径20mm的纽扣2颗

＊钩织方法

1 从圆环起针开始钩织，按照编织
图所示用长针钩织4行，然后用花
样钩织钩织20行。

2 变换钩织针的号数，钩织花边（7行
短针）。

3 钩织装饰带，与纽扣一起缝到主
体的前面。

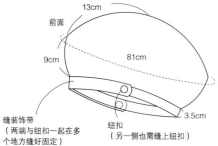

13cm

前面

9cm   81cm

缝装饰带
（两端与纽扣一起在多
个地方缝好固定）

纽扣
（另一侧也需缝上纽扣）

3.5cm

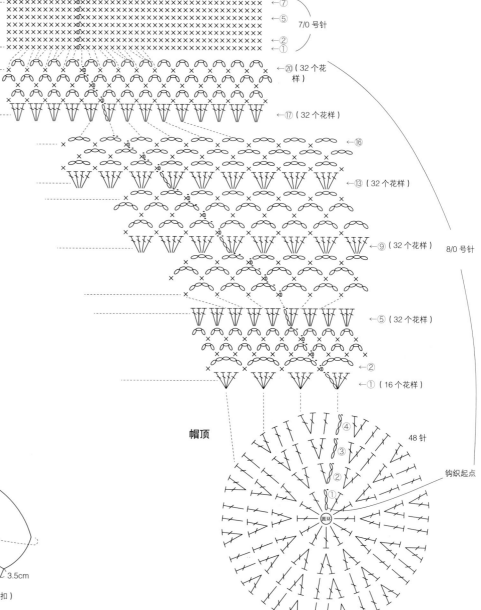

后面　钩织终点　84针

←⑦
←⑤　7/0号针
←②
←①

←⑳（32个花样）

←⑰（32个花样）

←⑯

←⑬（32个花样）

←⑨（32个花样）　8/0号针

←⑤（32个花样）

←②

←①（16个花样）

帽顶

48针

钩织起点

圆环
①②③④

	符号说明
 锁针	
	引拔针
╳	短针
∨	短针1针分2针
∧	短针2针并1针
┬	长针
∨	长针1针分2针
⋎	长针3针成束挑起钩织
⋓	长针1针分4针
⋓	长针4针成束挑起钩织

装饰带　7/0号针

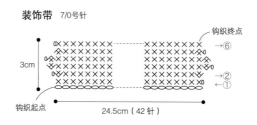

钩织终点

3cm

←⑥
←②
←①

钩织起点

24.5cm（42针）

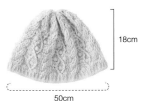

●阿兰风格的帽子

＊准备材料
编织线：Sonomono中粗线奶白色72g ●●
针：钩针5/0号，缝衣针

＊钩织方法
1 织入120针锁针起针，然后按照编织图所示钩织23行。17针的花样重复钩织7次，同时继续钩织上侧。
2 逐一挑起最终行的针脚，收紧。

18cm

50cm

标准织片：24针12行

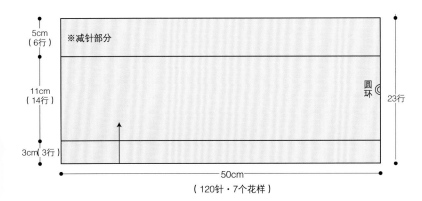

5cm
（6行）

※减针部分

11cm
（14行）

圆环

23行

3cm（3行）

50cm
（120针·7个花样）

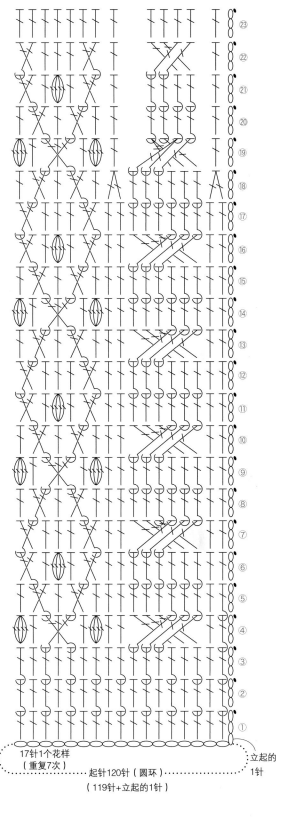

17针1个花样
（重复7次）

起针120针（圆环）
（119针+立起的1针）

立起的
1针

⌒	锁针	⋀	长针2针并1针
●	引拔针		长针4针的枣形针
〒	长针	⌇	长针的正拉针

Point 长针的正拉针

钩织阿兰风格花样时常用的方法。一起来温习一下吧！

＊请参照 p.67 How to Make。

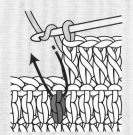

1 针上挂线，按箭头所示从正面将钩针插入上一行针脚的尾针中，引拔抽出线。

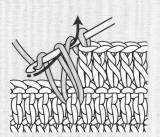

2 再在针上挂线，按照箭头所示引拔抽出2针。

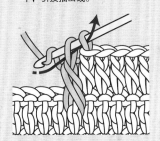

3 继续在针上挂线，一次性引拔穿过针上的2个线圈，钩织长针。

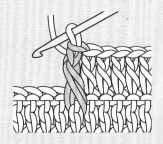

4 钩织完1针"长针的正拉针"后如图。

♣设计/Kanno Naomi　钩织方法……p.100~101

时尚的配色，新颖惹眼。
还可以用剩余的线钩织同款小物。

♣设计/野口智子　钩织方法……p.102

一圈一圈钩织出传统花片
组合而成的手提包。

♣设计/Kanno Naomi　钩织方法……p.109

用圆圆的枣形针钩织而成的可爱手提包。

♣设计/Kanno Naomi
　钩织方法⋯⋯p.103

拼接皮革质感的提手，可以提升手提包的手感！

♣设计/Sebata Yasuko
　钩织方法⋯⋯p.104~105

♣设计/Sebata Yasuko　钩织方法······p.106~108
针织衫、裙子/Vlas Blomme（Vlas Blomme目黑店）

●方块花片手提包

花片

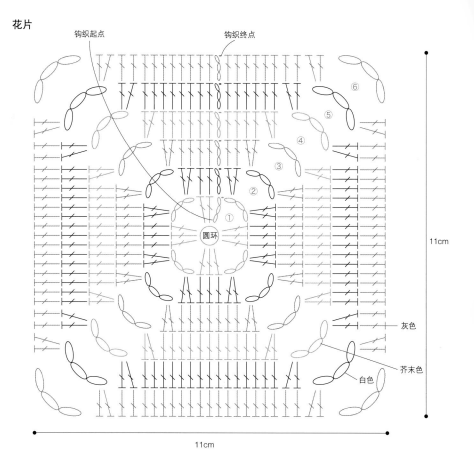

钩织起点　　　　钩织终点

圆环

11cm

11cm

灰色
芥末色
白色

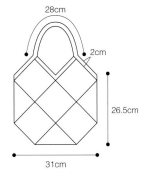

28cm
2cm
26.5cm
31cm

✲准备材料

编织线：Flax K芥末色45g●●、白色30g●●、
　　　　灰色95g●●●●

钩针：钩针4/0号，缝衣针

✲钩织方法

1　从圆环起针开始钩织，按照编织图所示换
　　线，钩织13块花片。

2　两块花片正面朝外相对合拢，按照拼接图圆
　　圈数字的顺序，用短针拼接。

3　钩织完6行花边A后，在提手72针锁针的顶端
　　钩织拼接（钩织拼接时，将花边A的两端一
　　起嵌入钩织），钩织花边B与提手。

⌒	锁针
●	引拔针
✕	短针
〤	短针2针并1针
┬	长针
⊥⊥	长针2针成束挑起钩织

拼接花片的顺序

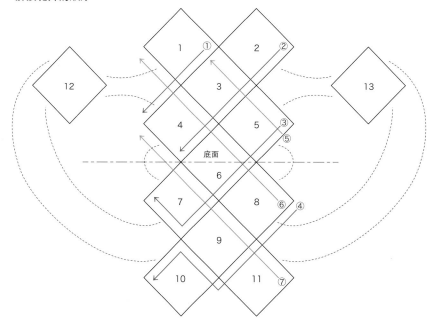

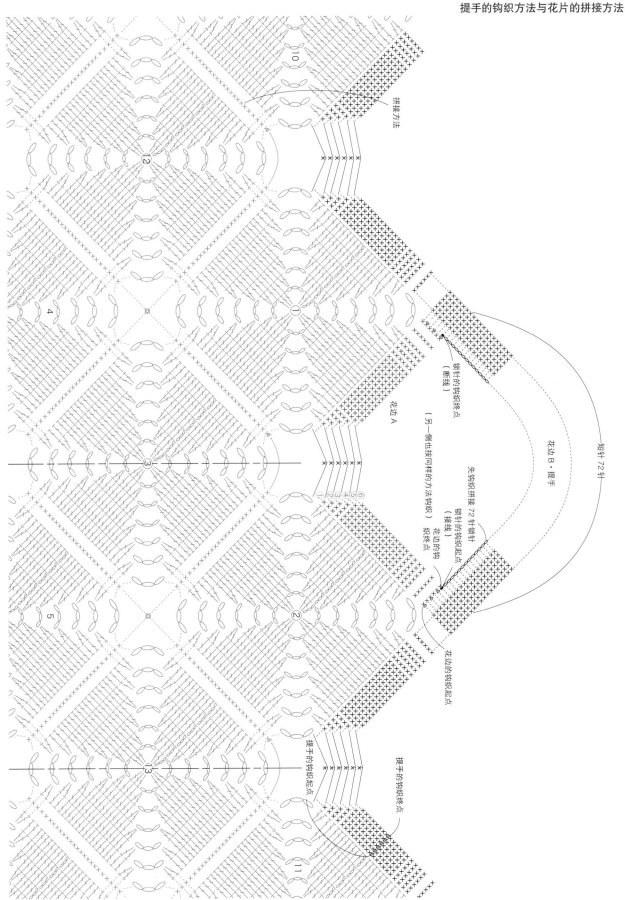

拼接方法

花边 A

⑩

⑫

4

3

5

⑬

⑪

①

②

锁针的钩织终点
（断线）

先钩织拼接 72 针锁针
锁针的钩织起点
（接线）

花边 B・提手

短针 72 针

（另一侧也按同样的方法钩织）

花边的钩织终点

花边的钩织起点

提手的钩织起点

提手的钩织终点

●彩色手提包&
纸巾包

14cm
21cm
13cm
8cm

标准织片：20 针 12 行（长针）

●手提包

＊准备材料

编织线：Exceed Wool FL蓝色21g、灰色17g、
红色23g、白色19g、茶色13g，各🧶

针：钩针4/0号，缝衣针

＊钩织方法

1 织入104针锁针起针，按照编织图①所示换
线，同时钩织24行（手提包主体）。

2 织入8针锁针起针，按照图②所示换线，同时
用长针钩织140行（肩带）。

3 按照图示（参照下图）折叠步骤1的主体，肩
带用缝衣针缝到左右侧面。

②肩带

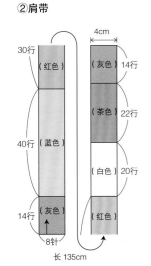

30行
（红色）
40行
（蓝色）
14行
（灰色）
4cm
14行（灰色）
22行（茶色）
20行（白色）
14行（红色）
8针
长 135cm

提手的拼接方法

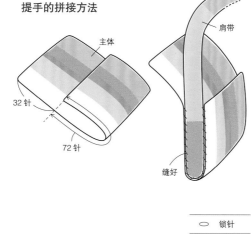

主体
肩带
32 针
72 针
缝好

①主体

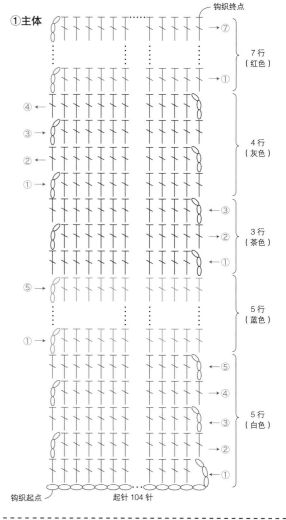

钩织终点
→⑦
7 行（红色）
④
③
②
①
4 行（灰色）
←③
←②
←①
3 行（茶色）
⑤→
①
5 行（蓝色）
①
←⑤
←④
←③
←②
←①
5 行（白色）

钩织起点   起针 104 针

⬭ 锁针
┬ 长针

●纸巾包

＊准备材料

编织线：Exceed Wool FL蓝色3g、灰色
5g、红色4g、白色5g、茶色
1g，各🧶

＊手提包与纸巾袋加起来各🧶

针：钩针4/0号，缝衣针

＊钩织方法

1 织入38针锁针起针，按照编织图换
色，同时织入30行。

2 按照右图所示折叠步骤1的织片，用
短针缝合左右两端的两块织片。右侧
用红色线、左侧用白色线缝合。

颜色的配置与
织片的折叠方法

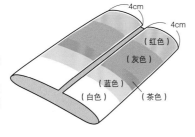

4cm
4cm
（红色）
（灰色）
（蓝色）
（白色）
（茶色）

两端的缝合方法

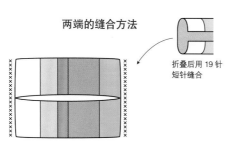

折叠后用 19 针
短针缝合

⬭ 锁针
× 短针

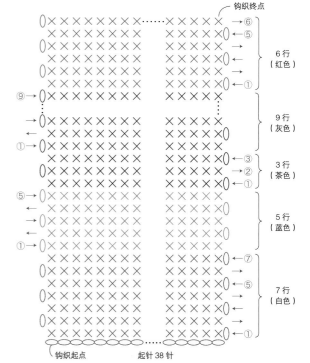

钩织终点
→⑥
←⑤
←①
6 行（红色）
⑨
①
9 行（灰色）
←③
←②
←①
3 行（茶色）
⑤→
①
5 行（蓝色）
←⑦
←⑤
→①
7 行（白色）

钩织起点   起针 38 针

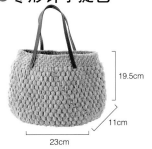

●枣形针手提包

19.5cm
11cm
23cm

标准织片：16 针 9 行（花样钩织 8 个花样），
16 针 16 行（短针）

＊准备材料
编织线：Luna Mole粉色140g●●●
针：钩针7/0号，缝衣针
其他：宽1cm×长35cm的扁平皮革带2根
（1组），锥子

＊钩织方法
1 织入12针锁针起针，按照编织图所示加
针，同时钩织底面的9行。
2 接着用花样钩织织入14行，再织入6行
花边。
3 按照图示方法，用锥子在扁平皮革带上
打孔，缝到主体上。

○	锁针
●	引拔针
✕	短针
✕	短针 1 针分 2 针
⋔	中长针 3 针的枣形针
⋔	中长针 3 针的枣形针成束挑起钩织

提手的钩织方法

35cm
1cm
1cm 0.8cm 0.8cm   0.8cm 0.8cm 1cm

提手的拼接方法

缝好固定
9cm
4cm
23cm

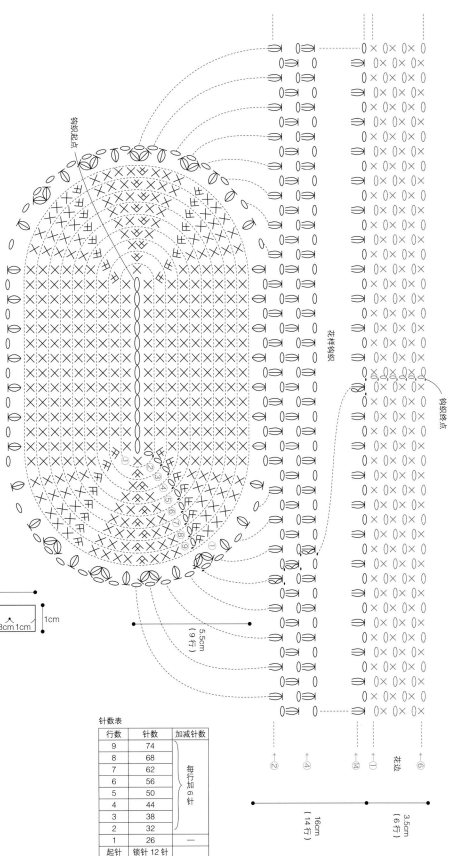

钩织起点
花样钩织
钩织终点

5.5cm
（9 行）

↑② ↑④ ↑⑭ ↑① ↑⑥
花边

16cm
（14 行）
3.5cm
（6 行）

针数表

行数	针数	加减针数
9	74	
8	68	
7	62	
6	56	每行加 6 针
5	50	
4	44	
3	38	
2	32	
1	26	—
起针	锁针 12 针	

●黄麻手提包

＊准备材料

编织线：Comacoma米褐色150g、黄色135g、绿色120g

针：钩针8/0号，缝衣针

其他：皮革缝纫线适量，厚1mm的米褐色皮革10cm×13cm，缝衣针，锥子

标准织片：16针15行（花样钩织）

＊钩织方法

1 织入39针锁针起针，从底面开始钩织，换色的同时钩织41行侧面，然后剪断线。

2 在编织图"接线"的位置进行接线，钩织侧面上方的8行。左右提手按照编织图所示，依次各钩织20行。

3 留出19针，再钩织一次步骤2。将提手的钩织终点处相连，用卷针订缝的方法缝合（●与○、▲与△对齐）。

4 用锥子在皮革上打孔，包住提手，缝合。

编织图

6针　6针　6针　6针

▲　△　●　○

提手　提手

18.5cm（28行）

13.5cm（20行）

侧面上方　8行　侧面上方　8行　侧面上方

12cm（19针）　37针　12cm（19针）

46cm

侧面　侧面

27.5cm（41行）

112针

侧面下方　侧面下方

底面

35cm

针数与线的颜色表

	颜色	行数	针数	加减针数
提手	黄色	9–20	6	
		8	6	−1
		7	7	−1
		6	8	−1
		5	9	−1
	米褐色	4	10	−1
		3	11	−1
		2	12	−1
		1	13	−1
侧面上方	绿色线	7–8	37	
	黄色	3–6		
	米褐色	1–2		
侧面	绿色	38–41	112	
	黄色	36–37		
	米褐色	32–35		
	绿色	30–31		
	黄色	26–29		
	米褐色	24–25		
	绿色	20–23		
	黄色	18–19		
	米褐色	14–17		
	绿色	12–13		
	黄色	8–11		
侧面下方	米褐色	7	112	+4
		6	108	+4
	绿色	5	104	+4
		4	100	+4
		3	96	+4
		2	92	
底面	绿色	1	39	

○ 锁针

● 引拔针

× 短针

∨ = 短针1针分2针

∧ = 短针2针并1针

How to Make

提手的钩织方法 对提手进行加固，即便手提包内放入重物，也可以支撑。

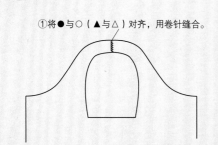

①将●与○（▲与△）对齐，用卷针缝合。

将提手的○与●、▲与△对齐，用卷针缝合（①）。

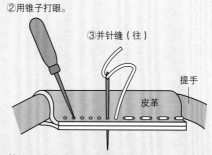

②用锥子打眼。

③并针缝（往）

皮革　提手

按照尺寸将修剪后的皮革对折，用锥子打眼（②），包住提手。再将皮革缝纫线穿入缝衣针中，进行并针缝（③）。

④并针缝（复）

皮革　提手

用并针缝将没有线的部分填满（④）。另一侧提手也按同样的方法用皮革包住，缝合。

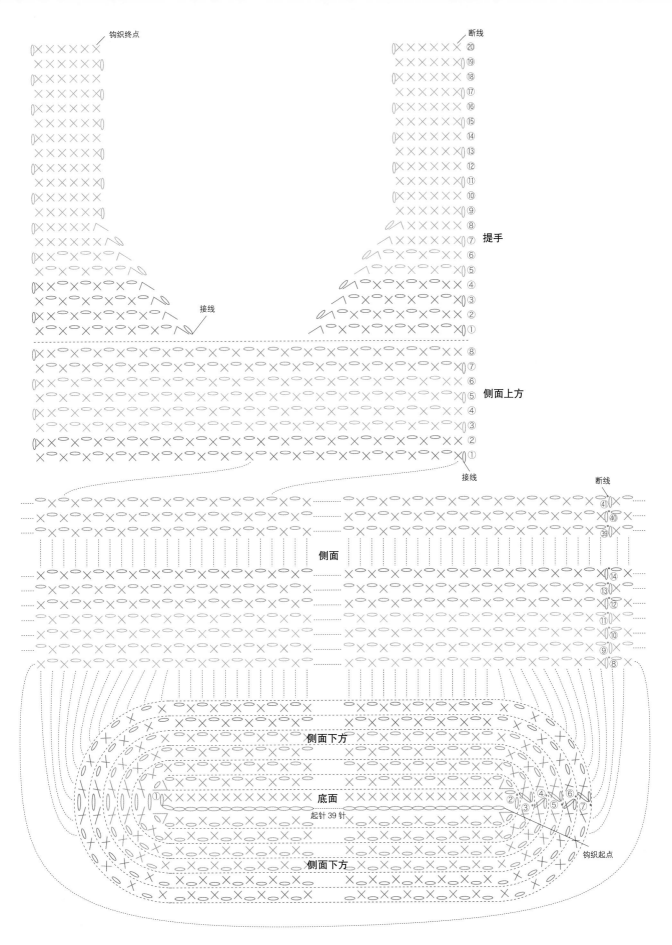

钩织终点

断线

20
19
18
17
16
15
14
13
12
11
10
9
8
7 提手
6
5
4
3
2
1

接线

8
7
6
5 侧面上方
4
3
2
1

接线

断线

41
40
39

侧面

14
13
12
11
10
9
8

侧面下方

底面

侧面下方

起针39针

① ② ③ ④ ⑤ ⑥ ⑦

钩织起点

●草编晚宴包

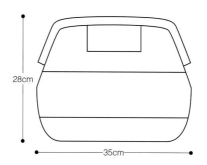

28cm

35cm

标准织片：17 针 17 行（短针）

＊准备材料
编织线：Ecoandaria漂染草编线170g●●●●●
针：钩针6/0号，缝衣针
其他：30cm的四边形铝制口金1个

＊钩织方法

1 织入48针锁针，从底面中央开始钩织。按照编织
图所示，在底面织入10行，侧面织入10行。从
第11行开始分成前后进行钩织，然后从第16行
开始将提手分成左右两侧，钩织至25行。

2 织入24针锁针起针，拼接提手的左右两侧，对齐
编织图的印记（▼★☆●○▽），边挑针边钩织
10行包住口金。

3 在包口周围织入引拔针。包住口金，在反面用引
拔针钩织一圈（参照p.108的步骤）。

⌒	锁针
●	引拔针
✕	短针
∨ = ⩔	短针 1 针分 2 针
∧ = ⩓	短针 2 针并 1 针
⩔	中长针 1 针分 2 针
𝕿	中长针 4 针并 1 针

5.5cm
（10行）

包住口金的部分

15针　14针　24针　14针　15针

钩织拼接 24 针锁针

5.5cm
（10行）

13cm
（24针）

5行

1圈 136 针

10行（5个花样）

侧面

10行　底面

起针 48 针

25cm
（35行）

包住口金的方法

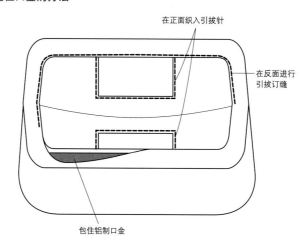

在正面织入引拔针

在反面进行
引拔订缝

包住铝制口金

底面的针数表

行数	针数	加减针数
10	136	+4
9	132	+4
8	128	+4
7	124	+4
6	120	+4
5	116	+4
4	112	+4
3	108	+4
2	104	+4
1	100	

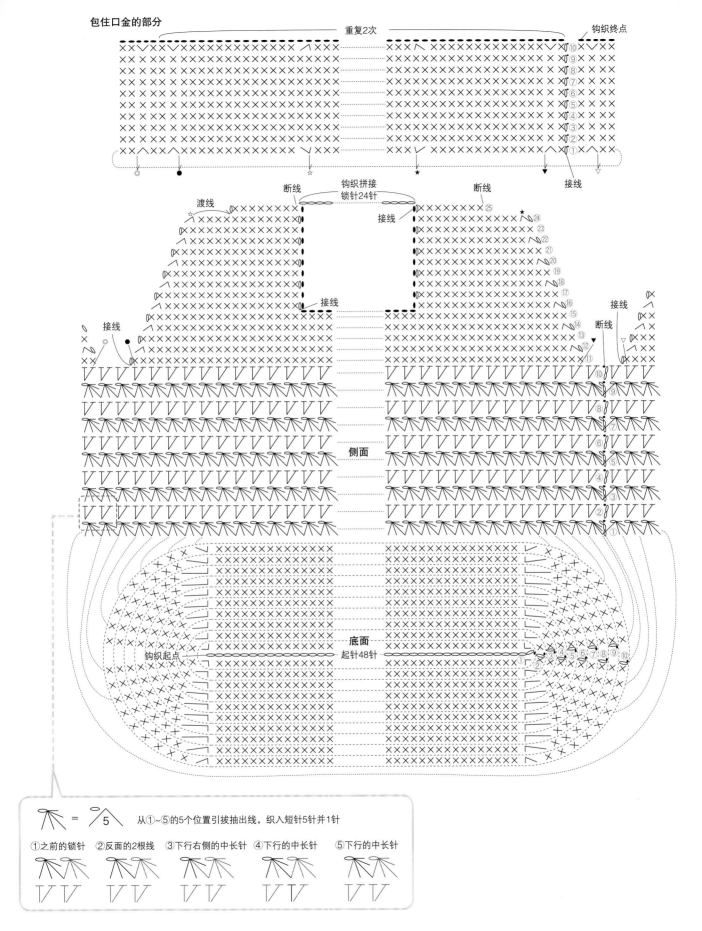

包住口金的部分

重复2次

钩织终点

⑩⑨⑧⑦⑥⑤④③②①

接线

渡线

断线

钩织拼接
锁针24针

断线

接线

㉕㉔㉓㉒㉑⑳⑲⑱⑰⑯⑮⑭⑬⑫⑪⑩⑨⑧⑦⑥⑤④③②

接线

接线

断线

接线

侧面

底面
起针48针

钩织起点

= 5

从①~⑤的5个位置引拔抽出线，织入短针5针并1针

①之前的锁针　②反面的2根线　③下行右侧的中长针　④下行的中长针　⑤下行的中长针

拼接口金的方法 此处先用织片包住口金再钩织提手。
具体的钩织方法请参照下文。

1 包住此金属配件钩织。

2 钩织提手的开口处时，从正面织入引拔针。

3 用于包住口金的织片需在第1行与第10行最初的针脚中加入线，做标记。

4 放大后如图。

5 对折织片，包住金属配件。从反面将针插入接线的针脚中，然后将缝纫线挂到针上。

6 从侧面看步骤**5**如图所示。

7 引拔抽出线。

8 再将钩针插入下一针脚中，逐一从反面织入引拔针。

9 钩织完1针引拔针后如图。

10 用同样的方法织入5针引拔针后如图。

11 钩织完半圈引拔针后如图。针脚容易出错，请及时在边角处确认针脚是否正确。

12 钩织完一圈，包住口金。

●篮形手提包

22cm

21.5cm

34cm

标准织片：18针20行（短针）

✲准备材料
编织线：Ecoandaria原色130g●●●●●
针：钩针6/0号，缝衣针

钩织方法

1 从圆环起针开始，钩织8块四方形花片。

2 完成之后，用蒸汽熨斗烫平花片，调整形状。

3 从圆环起针开始钩织，底面织入20行，接着再钩织16行侧面。

4 花片与花片用卷针拼接，再用同样的方法拼接侧面。

5 从拼接好的花片中挑针，钩织提手的同时织入开口部分的7行。

花样

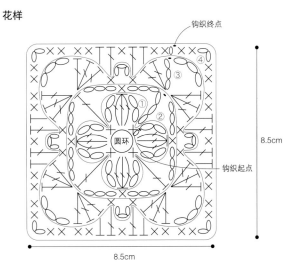

钩织终点

钩织起点

8.5cm

8.5cm

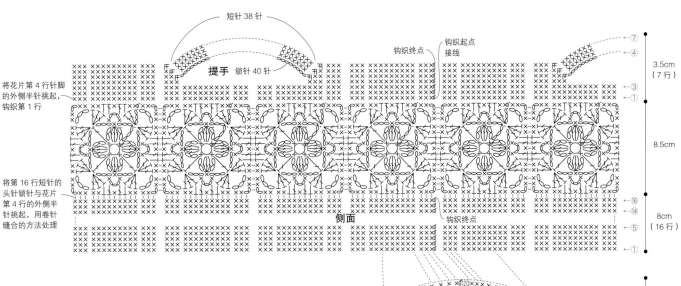

短针38针

提手 锁针40针

钩织终点 钩织起点 接线

将花片第4行针脚的外侧半针挑起，钩织第1行

侧面

将第16行短针的头针锁针与花片第4行的外侧半针挑起，用卷针缝合的方法处理

钩织终点

3.5cm（7行）

8.5cm

8cm（16行）

10cm（20行）

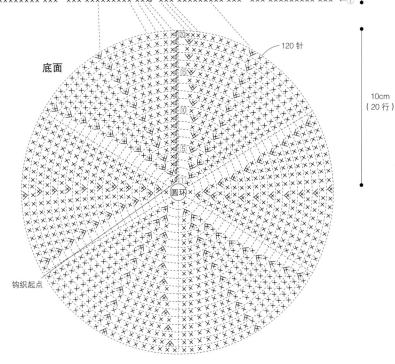

底面

120针

钩织起点

| 锁针 |
| 引拔针 |
| 短针 |
| 短针1针分2针 |
| 中长针 |
| 长针 |
| 长针1针分3针 |
| 长针3针的枣形针成束挑起 |

底面的针数表

行数	针数	加减针数
20	120	+6
19	114	+6
18	108	+6
17	102	+6
16	96	+6
15	90	+6
14	84	+6
13	78	+6
12	72	+6
11	66	+6
10	60	+6
9	54	+6
8	48	+6
7	42	+6
6	36	+6
5	30	+6
4	24	+6
3	18	+6
2	12	+6
1	6	

引拔针订缝 简单快捷，可防止订缝针脚变形的钩织方法。
需要留出长约成品尺寸5.5倍的缝纫线。

＊为了方便解说，部分编织线采用与织片不同的颜色，具体请参照相应的钩织方法。

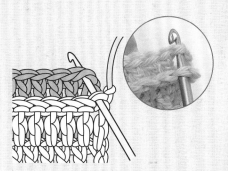

1 织片正面相对合拢，钩针插入顶端针脚头针锁针的2根线中。

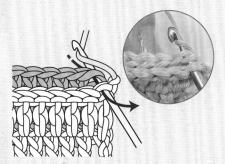

2 将针终点处的线头挂到钩针上，按照箭头所示引拔抽出。

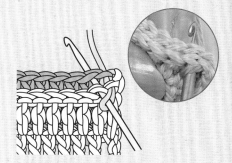

3 将钩针插入图片所示的位置，针上挂线后钩织引拔针。

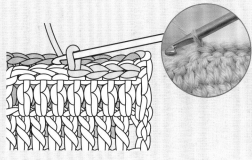

4 重复织入引拔针，进行订缝。

5 顶端的针脚也织入引拔针，将线头穿入线圈中，处理线头。

长针1针的交叉针　用钩针在织片中加入各种花样时最常用的方法。

作品的钩织方法见 p.81

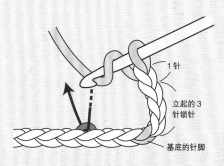

1 织入3针立起的锁针，再钩织1针锁针。针上挂线后，将钩针插入基底的第3针针脚中。

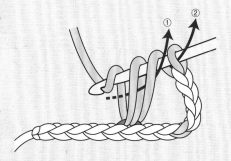

2 此处织入1针长针。

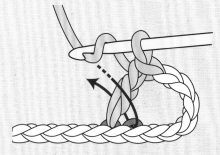

3 针上挂线，按照箭头所示，将钩针插入1针内侧的锁针的里山中。

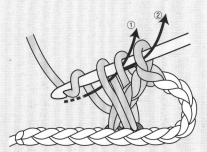

4 包住之前钩织的长针，再织入1针长针。

5 **长针1针的交叉针**钩织完成后如图。

6 空出1针，继续钩织**长针1针的交叉针**，完成后如图。

短针的正拉针 按照编织图钩织拉针时，需要将织片翻到反面，记号表示的是**反拉针**，但实际是看着织片的反
作品的钩织方法见 p.82 面织入**正拉针**。我们一起来确认一下 p.82 **短针正拉针**的实际钩织方法。

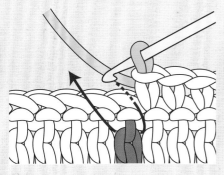

1 将上一行针脚的尾针
处挑起，按照箭头所
示从正面插入钩针。

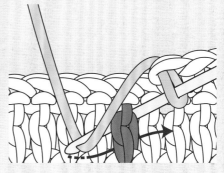

2 针上挂线后按照箭头
所示引拔抽出线，拉
长。

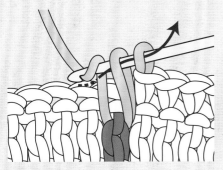

3 针上挂线，引拔穿过
针上的2个线圈，织
入短针。

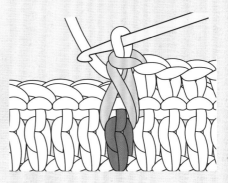

4 钩织完1针**短针的正
拉针**后如图。

线穗的制作方法 作品中装饰用的线穗。掌握基本的钩织方法即可，方便实用。
（作品的钩织方法见 p.83 ）

1 准备一张厚纸，比成品尺寸的2倍还要稍宽一
些。编织线在厚纸上缠20圈，两端剪开，从厚
纸上取下线，中央打结。

2 将线束对折，在距离顶端1.5cm处用线打结。

3 然后将线头穿入缝衣针中，藏到其他线中间。

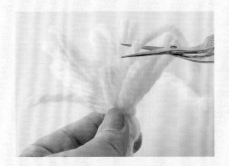

4 整体保持在5cm左右，顶端修剪整齐。

5 捏住步骤1打结后剩下的两根线头，一圈一圈拧
扭。

6 线穗制作完成。

口金包

圆鼓鼓的枣形针独特可爱。
口金的拼接方法也超乎意料地简单。

●蛙嘴式零钱包

11cm
11cm

＊准备材料
编织线：Exceed Wool FL紫色10g、绿色1.5g、
　　　　灰色2g，各◉
针：钩针4/0号，缝衣针
其他：8cm的口金1个，缝纫线，小孔缝衣针

＊钩织方法

1　用紫色线织入14针起针，按照编织图①的方法钩织11行。

2　按照编织图②的方法，用灰色线与绿色线钩织侧面的5行。
　无需钩织侧边，另一侧也按②的方法钩织5行。

3　参照p.114的图片，将蛙嘴口金缝到织片上。

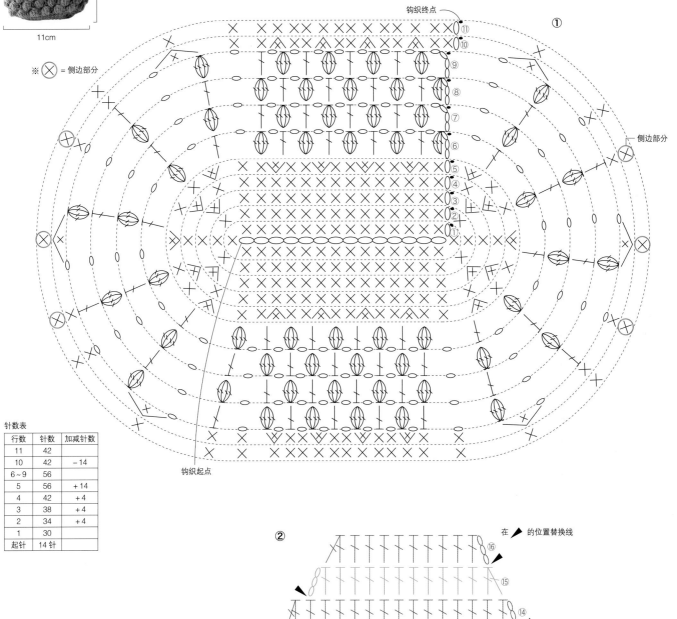

※ ⊗ = 侧边部分

钩织终点
①
侧边部分
侧边部分
钩织起点

针数表

行数	针数	加减针数
11	42	
10	42	−14
6～9	56	
5	56	＋14
4	42	＋4
3	38	＋4
2	34	＋4
1	30	
起针	14针	

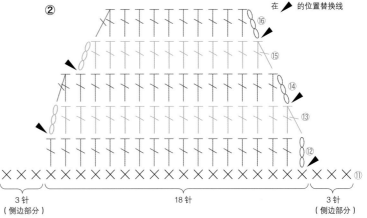

② 在 ▲ 的位置替换线

3针
（侧边部分）
18针
3针
（侧边部分）

◯	锁针
●	引拔针
✕	短针
⩔	短针1针分2针
⩓	短针2针并1针
┬	长针
⋀	长针2针并1针
⬮	长针4针的枣形针

蛙嘴口金的拼接方法　许多朋友都觉得口金的拼接方法很难，其实却超乎想象地简单。
让我们来复习一下市售口金的拼接方法吧！

1
根据口金包主体织片的弧度，选择拼接口金的位置。

memo 如何选择缝纫线？

从设计的角度上看，如果想让针脚更为显眼，可使用与织片颜色不同的缝纫线。偏涤纶材质的线更结实。也可以将同款编织线拆开，穿入缝衣针中使用。

2
用蛙嘴口金的金属配件夹紧织片，将针从反面穿入小孔中。用整针回针缝的方法将织片与口金缝好固定。

3
抽出线后再将钩针插入相邻的小孔中。

4
从织片的反面抽出线，然后再从相邻针脚的外侧插入针。

5
抽出线，往内侧回1针，将针插入小孔中。

6
完成1针整针回针缝。拼接时需要注意的是：务必将针插入金属配件所夹的织片中，使开口处更为结实牢固。

7
用同样的方法进行整针回针缝，将织片与口金缝合。

花片、围巾、针织小物

简单又漂亮,

稍微花点时间即可完成,

还可以变换钩织方法,

做一些全新的挑战。

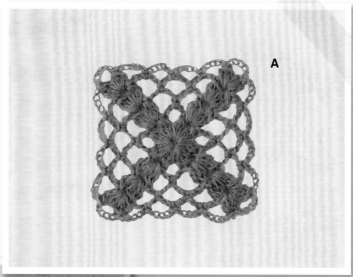

A

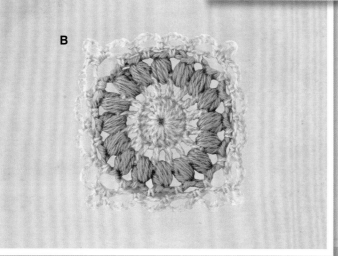

B

※本页的三款花片,可按照p.132盖毯的
拼接方法,用锁针拼接。

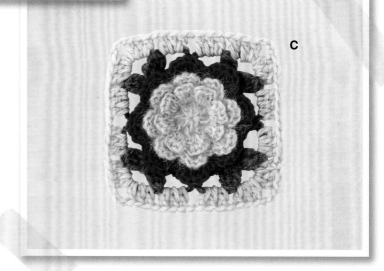

C

♣设计/Sebata Yasuko
钩织方法……p.118、p.120~121

D

E

F

G

H

I

♣设计/Kanno Naomi　钩织方法……p.119

●A 蓝色马海毛花片

*准备材料

编织线：Alpaca Mohair Fine湖蓝色4g🧶

针：钩针6/0号，缝衣针

*钩织方法

1 先织入4针锁针进行起针，按照图示方法钩织4行。

钩织终点

④

③

②

①

×钩织起点

10cm×10cm

●B 枣形针的花片

*准备材料：

编织线：Alpaca Mohair Fine米褐色、Fair Lady 50粉色，各少许各🧶

针：钩针6/0号，缝衣针

*钩织方法

1 先织入4针锁针进行起针，然后按照编织图所示替换线，同时钩织5行。仅第3行用粉色线钩织。

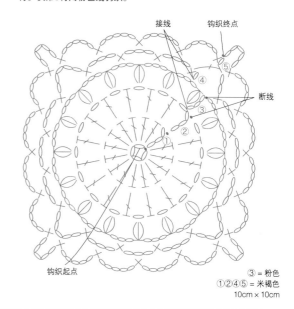

接线　钩织终点

⑤

④

③

断线

②

①

钩织起点

③ = 粉色

①②④⑤ = 米褐色

10cm×10cm

钩织终点

⑨

⑧

⑦

⑤④⑥

③④

①

圆环

钩织起点

10cm×10cm

●C 花朵与叶子的立体花片

*准备材料

编织线：Alpaca Mohair Fine粉色、红色、绿色，Fair Lady 50米褐色，各少许各🧶

针：钩针6/0号，缝衣针

*钩织方法

1 从圆环起针开始钩织，然后按照编织图织入9行。第1~4行用粉色线、第5~6行用红色线、第7~8行用绿色线、第9行用米褐色线钩织。

※叶子与花瓣基底部分的第3、5、7行均是看着织片的反面，将上一行短针2针间的2根线挑起钩织。钩织的方向与看着正面进行钩织时相反。

※此花样的钩织方法见p.120~121的详细说明。

✖=将反面的"八"挑起,织入短针（参照p.120的步骤3~7）

①　②　③　④=粉色

⑤　⑥　=红色

⑦　⑧　=绿色

⑨　=米褐色

●D 中央呈花朵形状的花片

*准备材料

编织线：Paume（彩染线）米褐色4g

针：钩针5/0号，缝衣针

*钩织方法

1　先织入8针锁针进行起针，然后按照编织图示钩织4行。

7.5cm × 7.5cm

●E 六片花瓣的花片

*准备材料

编织线：纯毛中细蓝色2g

针：钩针3/0号，缝衣针

*钩织方法

1　从圆环起针开始钩织，按照编织图所示织入3行。

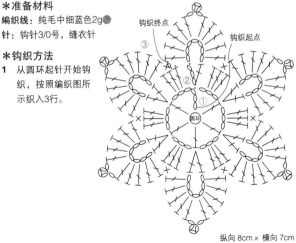

纵向 8cm × 横向 7cm

●F 八片花瓣的花片

*准备材料

编织线：Paume CROCHE草木染粉色2g

针：钩针3/0号，缝衣针

*钩织方法

1　从圆环起针开始钩织，按照编织图所示织入4行。

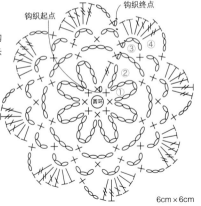

6cm × 6cm

●G 小链针的花片

*准备材料

编织线：Alpaca Mohair Fine白色2g

针：钩针4/0号，缝衣针

*钩织方法

1　从圆环起针开始钩织，按照编织图织入2行。

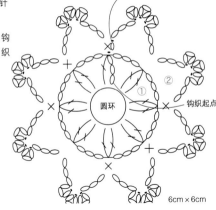

6cm × 6cm

●H 四片花瓣的花片

*准备材料

编织线：Paume（无垢棉）CROCHET本白2g

针：钩针3/0号，缝衣针

*钩织方法

1　从圆环起针开始钩织，按照编织图所示织入3行。

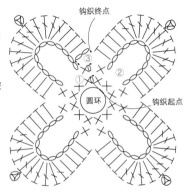

5.5cm × 5.5cm

●I 网状花片

*准备材料

编织线：纯毛中细淡蓝色2g

针：钩针3/0号，缝衣针

*钩织方法

1　从圆环起针开始钩织，然后按照编织图织入5行。

7cm × 7cm

立体花片的钩织方法　立体花瓣的花片不仅可爱，也是作品中不可或缺的元素。
基本的钩织方法共通，一起来看看吧！（p.118 C 花朵与叶子的立体花片）

1 按照编织图钩织第2行。

2 第3行钩织1针立起的锁针，将织片翻到反面。

3 钩针插入箭头所示的位置（"八"字形位置）。

4 钩针插入步骤3的位置，针上挂线。

5 短针钩织完成后如图。

6 接着钩织3针锁针，钩针插入箭头所示的位置，织入短针。

7 短针钩织完成后如图。

8 用同样的方法钩织一圈。此行为第4行花瓣的基底。

9 翻到正面，钩织第4行的1针立起的锁针，将上一行钩织的锁针成束挑起，再在针上挂线，织入短针。此时，花瓣倒向内侧。

10 1片花瓣钩织完成后如图。

11 用同样的方法钩织8片花瓣。反面如右图所示。

12 接下来需要替换编织线，此处需将编织线从线圈中引拔抽出。

13 第5行按照图片所示，将钩针插入反面的"八"字形针脚中，然后把新线（深蓝色）挂到钩针上。

14 引拔抽出线，织入1针立起的锁针。

15 按照步骤3~11的方法，钩织基底和花瓣。

16 钩织完8片花瓣后如图。从线圈中引拔抽出线。反面如右图所示。

17 第7行换成绿色线，接着钩织第8行叶子的基底。

18 最后在第1针短针中织入长针。

19 钩织长针，第7行钩织完成后如图。

20 翻到反面，钩织第8行立起的4针锁针和长长针2针的枣形针（叶子）。

21 用锁针、短针、3针的枣形针钩织一周，然后从线圈中引拔抽出线。反面如右图所示。

22 将第8行钩织终点的锁针成束挑起，插入钩针后将灰色线挂到钩针上。

23 引拔抽出线后，织入4针锁针。

24 钩织第9行，完成。反面如右图所示。

121

披肩

尽情享受一针一针钩织的时光吧！
整个过程蕴含着无限的满足感。

梯形设计，
让肩膀到背部充满浓浓暖意。

●条纹&蕾丝三角形披肩

标准织片：20 针 22 行

✻准备材料

编织线：可爱婴儿黄色 115g ●●● ，Alpaca
　　　　Mohair Fine 米褐色 100g ●●●●

针：钩针 7/0 号，缝衣针

✻钩织方法

1　用黄色线织入31针锁针起针，每隔2行换用一
　　次米褐色线，主体部分共钩织122行。

2　在步骤**1**的三边处用米褐色线（编织图中为蓝
　　色）钩织花边的基底部分。

3　接入米褐色线，钩织半圆蕾丝部分（13处、
　　各3行）（编织图中为绿色）。

4　在步骤**3**的周围用米褐色线钩织3行花边（编
　　织图中为橙色）。

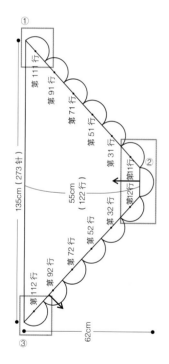

⌒	锁针
●—	引拔针
×	短针
⚇	变化的中长针 3 针的枣形针成束挑起后钩织
⊤	长针
⋀	长针 2 针并 1 针
⊤	长长针

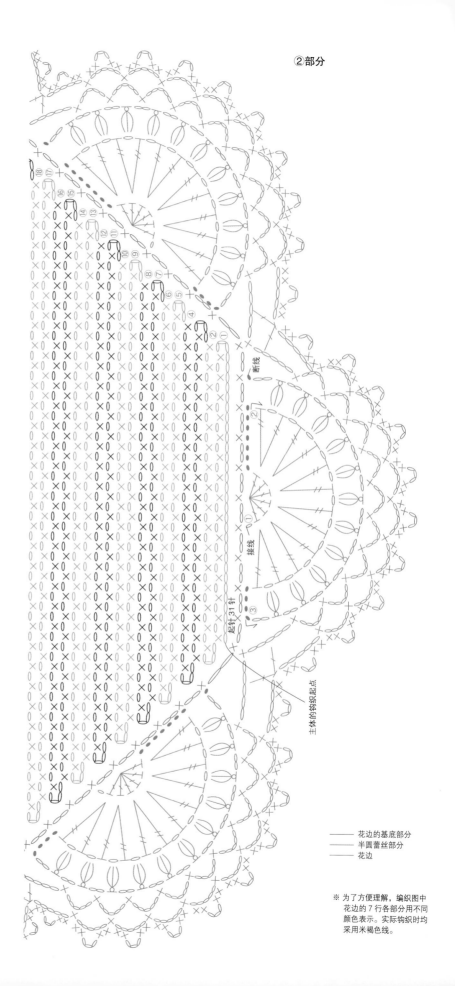

②部分

断线

接线

②

①

接线

起针31针

主体的钩织起点

花边的基底部分
半圆蕾丝部分
花边

※ 为了方便理解，编织图中
花边的 7 行各部分用不同
颜色表示。实际钩织时均
采用米褐色线。

①部分

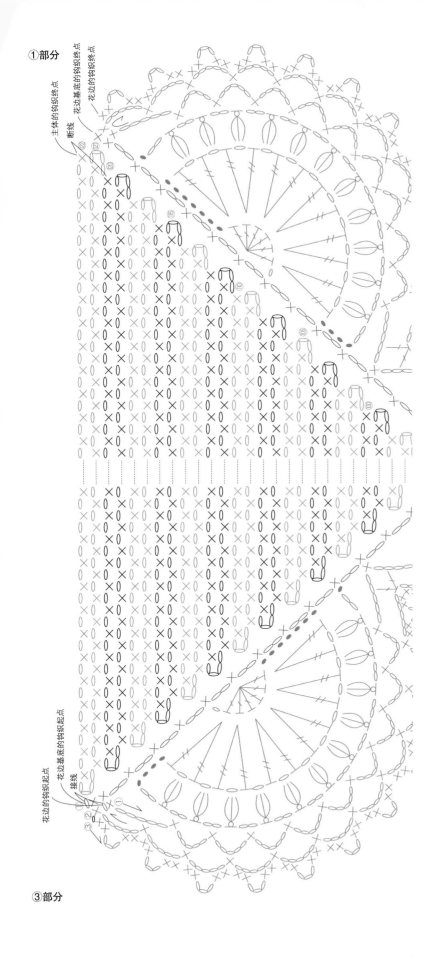

主体的钩织终点
断线
花边基底的钩织终点
花边的钩织终点

花边的钩织起点
花边基底的钩织起点
接线

③部分

Point 变化的中长针3针的
枣形针成束挑起

强调枣形针圆形部分的钩织方法。
先明确钩织方法再开始钩织。

1针
锁针3针

1 钩织3针立起的锁针，然后再
织入1针锁针。针上挂线，按
照箭头所示将钩针插入上一行
的锁针中，包住后成束挑起。

3针 2针 1针

2 钩织3针**未完成的中长针**，即
无需钩织中长针最后的引拔
针。然后在针上挂线，按照箭
头所示一次性引拔穿过针上的
所有线圈。

3 再次在针上挂线，按照箭头所
示引拔穿过针上剩余的2针。

4 钩织完1针**变化的中长针3针
的枣形针成束挑起**后如图。

125

● 梯形披肩

∗准备材料
编织线：Mohair Fine淡蓝色185g

针：钩针4/0号，缝衣针

∗钩织方法

1 从圆环起针开始钩织，按照编织图所示
钩织三角形花片。

2 从第2块花片开始，在最终行处用引拔针
与前面的花片拼接，按照图示方法拼接
72块。

3 所有花片拼接完成后再钩织花边。

⌒	锁针
●	引拔针
✕	短针
┬	长针
⼁	长针3针成束挑起钩织
⼁	长针3针的枣形针成束挑起钩织

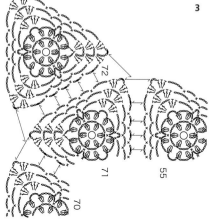

花片的拼接方法

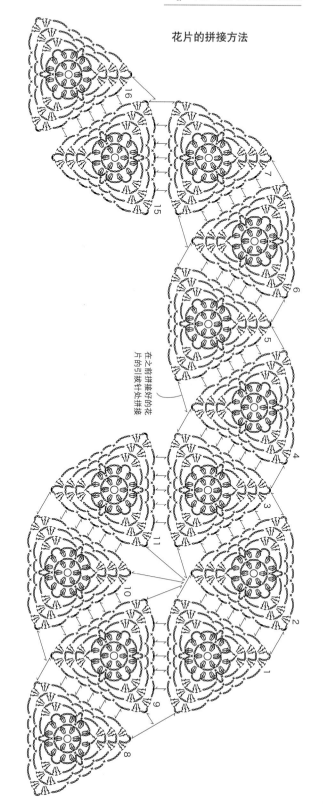

在之前拼接好的花片的引拔针处拼接

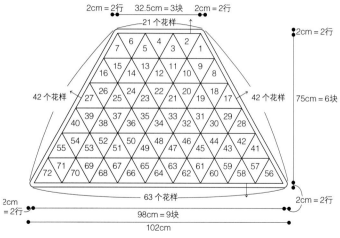

2cm=2行　32.5cm=3块　2cm=2行
21个花样

42个花样　75cm=6块　42个花样

63个花样

2cm
=2行　98cm=9块　2cm=2行

102cm

2cm=2行

※ 花片内的数字为拼接顺序

三角花片

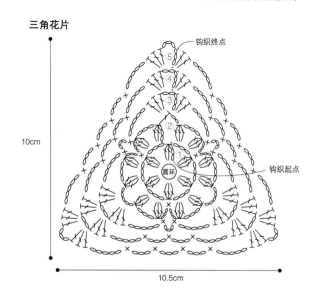

钩织终点

钩织起点

圆环

10cm

10.5cm

左侧也按照同样的方法钩织

钩织终点

钩织起点

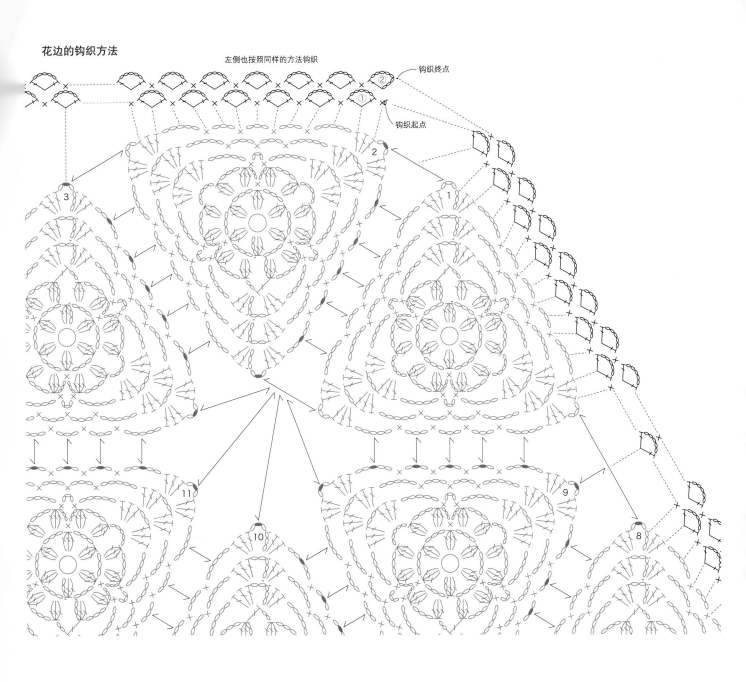

多用途盖布 / 垫布

既可以用来盖篮子，也可以用做垫布。
再多加入几块花片，就可以当作室内装饰用盖布。

♣设计/Kanno Naomi　钩织方法……p.130

在四个边角加入蔷薇花点缀，
让桌布增添几分华丽。

♣设计/kawaji Yumiko　钩织方法……p.131

●多用途盖布

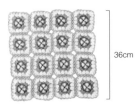

36cm

36cm

✳准备材料

编织线：Fair Lady 50象牙白色50g●●、紫色20g●、粉色20g●、米褐色28g●

针：钩针5/0号、6/0号，缝衣针

✳钩织方法

1 用5/0号钩针先织入锁针起针，然后按照图示方法换线的颜色，钩织花片。最终行用6/0号钩针钩织。

2 从第2块花片开始在最终行与相邻的花片中钩织引拔针，将16块花片拼接在一起。

	锁针
	引拔针
×	短针
⊤	长针
	长针3针成束挑起钩织

花片

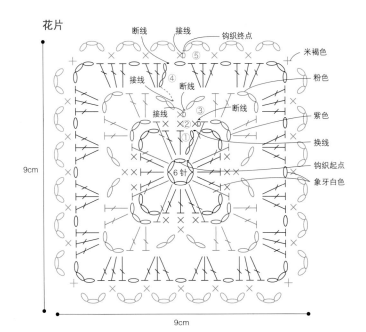

断线　接线　钩织终点

接线 ④

接线 ③ 断线

接线 ② ① 断线

米褐色
粉色
紫色
换线
钩织起点
象牙白色

9cm

9cm

花片的拼接顺序

4	3	2	1
8	7	6	5
12	11	10	9
16	15	14	13

花片的拼接方法

●垫布

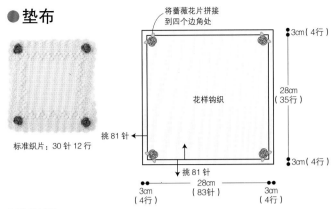

标准织片：30 针 12 行

将蔷薇花片拼接
到四个边角处

花样钩织

挑 81 针

挑 81 针

3cm（4行）
28cm（35行）
3cm（4行）

28cm（83针）
3cm（4行）
3cm（4行）

✳准备材料
编织线：Wash Cotton Crochet 本白53g、粉色6g、绿色3g
针：钩针3/0号，缝衣针，缝纫线，小孔缝衣针

✳钩织方法
1　织入83针锁针起针，按照编织图钩织35行花样钩织（主体）。
2　从主体的四边分别挑81针，钩织花边。
3　钩织4块蔷薇花朵花片，分别从顶端一圈一圈卷起，用缝纫线缝好。
4　钩织8块叶子花片，每朵花上缝2片叶子。
5　最后将蔷薇花朵花片缝到主体的四个边角处。

长针5针的爆米花针的钩织位置

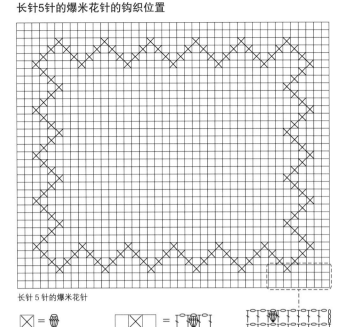

长针 5 针的爆米花针

☒ = 爆米花针

花边钩织方法的放大图

花边的钩织终点

主体的钩织终点

花边的钩织起点

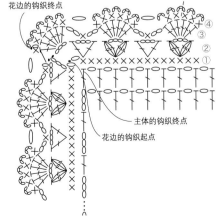

○	锁针
●	引拔针
✕	短针
T	中长针
┬	长针
V	长针 1 针分 2 针
⋀	长针 3 针的枣形针
🌑	长针 5 针的爆米花针
V	长长针 1 针分 2 针

花边的钩织终点

花边的钩织起点

花边

钩织终点

花边的钩织起点

主 体

③⑤

⑤
③
①

钩织起点

起针 38 针

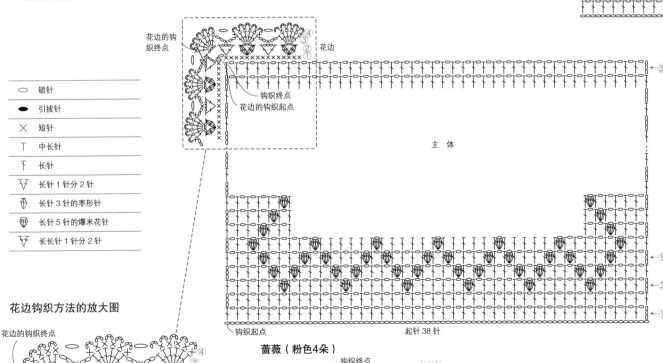

蔷薇（粉色4朵）

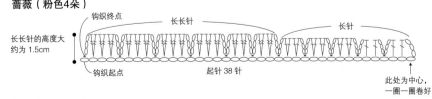

钩织终点　长长针　长针

长长针的高度大约为 1.5cm

钩织起点　起针 38 针

此处为中心，一圈一圈卷好

叶子（绿色8片）

钩织起点　钩织终点

大约 3cm

蔷薇与叶子的拼接方法

1 朵蔷薇缝上 2 片叶子

钩织蔷薇织片，从右侧开始一圈一圈卷好，调整花朵的形状，用缝纫线缝好。钩织 2 片叶子，按照图示方法用缝纫线缝在花朵的两侧。如此制作 4 朵，最后缝到垫布的四个角上。

盖毯

即可盖在膝部，也可披在身上的单品。
多钩织几件，方便实用。

♣设计/Sebata Yasuko　钩织方法……p.134
衬衣、裙子/Vlas Blomme(Vlas Blomme目黑店)
鞋子/plus by chausser(chausser)

♣设计/Kanno Naomi　钩织方法……p.135

衬衣/Vlas Blomme(Vlas Blomme目黑店)　外套/ Koloni (Pharaoh)

※阿兰风格的帽子见p.89下半部分・右侧作品

用小花花样钩
织出的条纹！

●花片拼接的盖毯

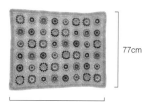

77cm

100cm

标准织片：花片钩织至第7行10cm

＊准备材料
编织线：Amerry灰色210g●●●●●、绿
色70g●●、黄色55g●●、橙色
55g●●、红色50g●●、湖蓝色
40g●、蓝色40g●
针：钩针7/0号，缝衣针

＊钩织方法
1 各花片均是在第8行钩织拼接，用此方法拼接48块。
2 接入新线，钩织花边，中途换色后钩织6行。

花片的钩织方法与拼接方法

第5行花瓣的钩织图

钩织完花片的第4行后剪
断线，在第1行的指定位
置接线，钩织花瓣的第5
行。从第6行开始按照编
织图钩织。

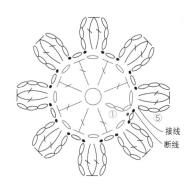

花片的配置图

行数	A	B	C	D	E	F
7~8	灰色	灰色	灰色	灰色	灰色	灰色
6	绿色	湖蓝色	红色	橙色	蓝色	蓝色
5	红色	橙色	绿色	蓝色	湖蓝色	黄色
1~4	黄色	红色	湖蓝色	绿色	蓝色	橙色

花片用线的配色表

花边的钩织方法

⌒	锁针
●	引拔针
✕	短针
⋎	短针1针分2针
┬	中长针
┬	长针
⋎	长针1针分2针
∜	长针2针的枣形针成束挑起钩织

花边用线的配色表

行数	颜色
6	灰色
5	绿色
4	灰色
3	绿色
1~2	灰色

●条纹盖毯

标准织片：24 针 8 行（4 个花样）

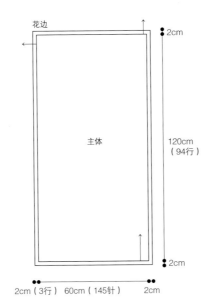

花边

2cm

主体

120cm
（ 94 行 ）

2cm

2cm（3行） 60cm（145针） 2cm

＊准备材料

编织线：Fair Lady 50米褐色120g●●●、浅茶
色120g●●●、灰色120g●●●、茶色
160g●●●●

针：钩针5/0号，缝衣针

＊钩织方法

1 织入145针锁针起针，按照编织图所示每两行
（ 1个花样）换线一次，织入94行。

2 钩织3行花边。

◯	锁针
●	引拔针
✕	短针
�	短针 1 针分 2 针
△	长针 2 针的枣形针
△	锁针 3 针的引拔针小链针

花边挑 145 针

花边的钩织终点

花边的钩织起点

钩织终点

浅茶色

灰色

灰色

米褐色

茶色

浅茶色

灰色

米褐色

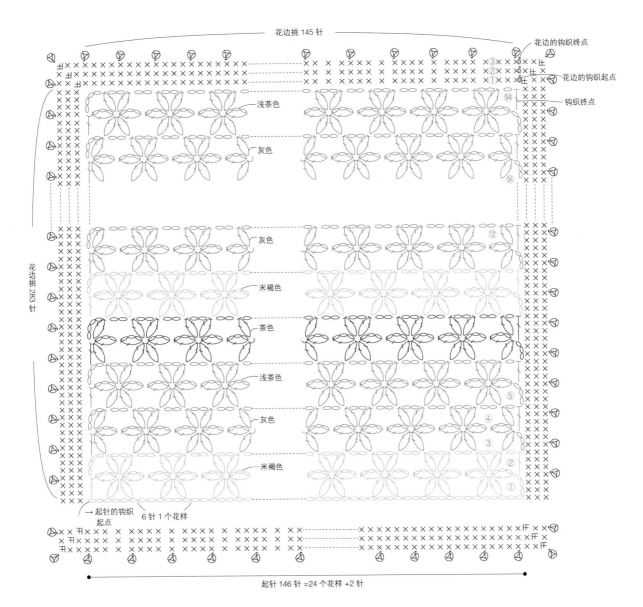

花边挑 283 针

→ 起针的钩织
起点

6 针 1 个花样

起针 146 针 =24 个花样 +2 针

外搭裙子 腰间略感微凉时的好伙伴。
纤细精致的外搭裙子让身上的服饰更出彩。

♣设计/kawaji Yumiko　钩织方法……p.138
打底裤/Vlas Blomme(Vlas Blomme目黑店)

也可当斗篷穿着。

针织衫、裙子/ Vlas Blomme(Vlas Blomme目黑店)

♣设计/Kanno Naomi
钩织方法……p.139
开衫、上衣、打底裤/Koloni（Pharaoh）

●外搭裙子&披肩（两穿）

106cm
40cm

花片的拼接顺序

1	2	3	4	5	6	7	8	9	10	11	12
13	14	15	16	17	18	19	20	21	22	23	24
25	26	27	28	29	30	31	32	33	34	35	36
37	38	39	40	41	42	43	44	45	46	47	48

40cm（4块）
10cm
10cm
120cm（12块）

＊准备材料

编织线：Flax C茶色160g

针：钩针3/0号、5/0号，缝衣针

＊钩织方法

1 花片部分先织入6针锁针起针，
  然后按照编织图钩织3行。

2 第2块以后，在钩织第3行锁针的
  同时再织入引拔针进行拼接（横
  向12块，纵向4块）。

3 钩织花边Ⓐ。

4 钩织花边Ⓑ。

5 钩织蝴蝶结，穿入花边Ⓐ的第3
  行中。

◠	锁针
●	引拔针
✕	短针
†	长针
‡	长长针
🮲	长长针3针的枣形针
🮲	长长针3针的枣形针成束挑起钩织
⬠	锁针3针的引拔针小链针

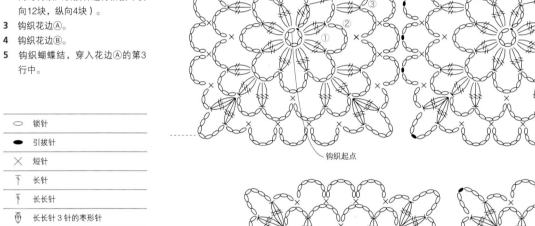

Ⓐ钩织终点 ←⑤
←③
①→
Ⓐ钩织起点

钩织终点
③
②
①
钩织起点

裙子的拼接方法

从主体挑84针（1块花片挑7针），
整体织入300针，然后钩织花边Ⓐ。

2.5cm（8行）

花片拼接

1.5cm（2行）

从主体挑396针（1块花片
挑33针），钩织花边Ⓑ。

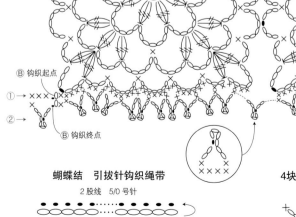

Ⓑ钩织起点
①→
②→
Ⓑ钩织终点

蝴蝶结 引拔针钩织绳带

2股线 5/0号针

160cm（340针）

4块花片的接点

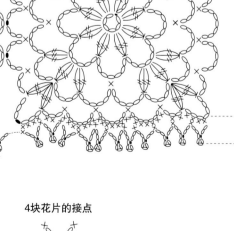

●外搭裙子&斗篷（两穿）

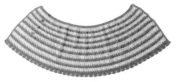

标准织片：4/0号，4个花样（24针）=10cm，
2个花样（8行）=7cm
6/0号，3个花样（18针）=9cm，
2个花样（8行）=9cm

＊准备材料

编织线：Sonomono粗线灰色125g●、棕色145g●●●●●

针：钩针4/0号、6/0号、缝衣针

其他：直径2cm的纽扣4颗，直径1.3cm的纽扣1颗

＊钩织方法

1 织入241锁针起针，从裙子的腰间开始钩织裙子的主体。变换针的号数后按照编织图进行钩织。

2 从起针开始挑161针（按照编织图所示从6针锁针中挑4针），制作纽扣眼的同时钩织腰间部分。

3 再钩织两侧的花边。纽扣缝到右侧。

4 纽扣（4颗大的，1颗小的）缝到图中所示的拼接位置。

⌒	锁针
●	引拔针
✕	短针
⊥	长针
⋎	长针1针分3针
⋔	长针2针的枣形针成束挑起钩织

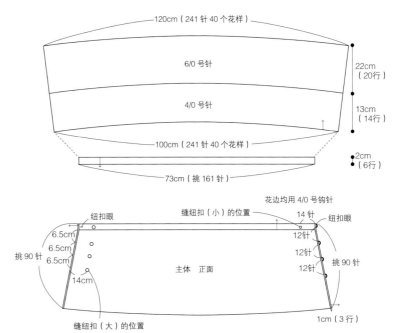

120cm（241针 40个花样）

6/0号针

4/0号针

22cm（20行）

13cm（14行）

100cm（241针 40个花样）

2cm（6行）

73cm（挑161针）

花边均用4/0号钩针

纽扣眼

缝纽扣（小）的位置

14针

纽扣眼

6.5cm
6.5cm
6.5cm

12针
12针
12针

挑90针

挑90针

14cm

主体　正面

缝纽扣（大）的位置

1cm（3行）

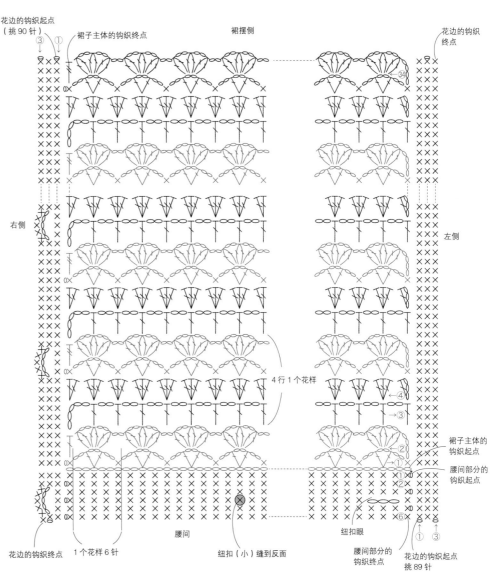

花边的钩织起点（挑90针）

裙子主体的钩织终点

裙摆侧

花边的钩织终点

右侧

左侧

4行1个花样

34

裙子主体的钩织起点

腰间部分的钩织起点

花边的钩织终点

1个花样6针

腰间

纽扣（小）缝到反面

纽扣眼

腰间部分的钩织终点

花边的钩织起点挑89针

两穿 短罩衫 & 背心

一片式的设计，日常穿搭必备品。
根据不同的穿着方法，会呈现出不同的氛围。

♣ 设计/Kanno Naomi
　　钩织方法⋯⋯p.146~147
　连衣裙/Koloni（Pharaoh）

既可当短罩衫，
又可当背心！

两穿 斗篷 & 短罩衫

从轻搭在肩上的斗篷变身成短罩衫。
采用马海毛与金银线混合的编织线钩织，轻柔又华丽。

♣设计/kawaji Yumiko　钩织方法······p.148~149
上衣/Koloni（Pharaoh）

加宽的袖口增强了短罩衫的舒适感。

后面的样子与短外套相似。

143

背心

熟练掌握钩针钩织之后，
就试着挑战一下钩织衣物吧！
无需拼接袖子的背心适合初学者尝试。

♣设计/kawaji Yumiko
　　钩织方法⋯⋯p.154~156
衬衣/Koloni（Pharaoh）
裙子/ Vlas Blomme(Vlas Blomme目黑店)

斗篷式背心

推荐给稍微有自信能够完成的朋友。
每一步的编织方法都不难，
结合编织图，慢慢来吧！

♣设计/Sebata Yasuko
　钩织方法……p.150~153
连衣裙/Koloni（Pharaoh）
打底裤、短袜/ Vlas Blomme(Vlas Blomme目黑店)

● **两穿 短罩衫&背心**

标准织片：参照图

＊准备材料

编织线：Flax K金银线绿色340g

针：钩针5/0号，缝衣针
其他：直径1.8cm的纽扣8颗

＊钩织方法

1　左右各钩织1块花样钩织A。
2　在花样钩织A中织入另外的锁针，将左右两侧拼接在一起，制作领口。
3　从拼接好的花样钩织A处挑针，用花样钩织B织入51行。
4　另一侧也用同样的方法将●处的针脚挑起，织入51行花样钩织B。
5　在领口与两侧边钩织花边。
6　按照图示方法缝纽扣。可利用花样钩织的缝隙制作纽扣眼。

※作品采用单色线钩织，为了方便理解，在尺寸图与编织图中，一部分织片采用不同的颜色钩织。

⌒	锁针
✕	短针
⊤	长针
⋀	长针2针并1针

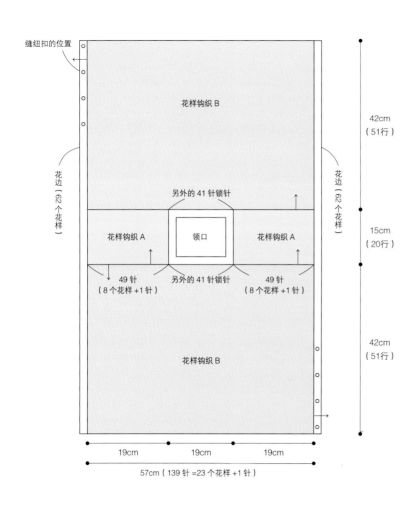

缝纽扣的位置

花样钩织B

花边（62个花样）　　花边（62个花样）

另外的41针锁针

花样钩织A　　领口　　花样钩织A

49针（8个花样+1针）　　另外的41针锁针　　49针（8个花样+1针）

花样钩织B

42cm（51行）

15cm（20行）

42cm（51行）

19cm　　19cm　　19cm

57cm（139针=23个花样+1针）

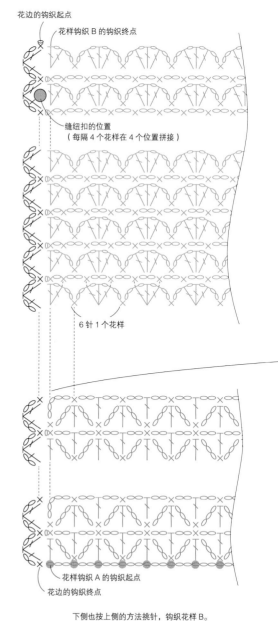

花边的钩织起点
花样钩织B的钩织终点

缝纽扣的位置
（每隔4个花样在4个位置拼接）

6针1个花样

花样钩织A的钩织起点
花边的钩织终点

下侧也按上侧的方法挑针，钩织花样B。

织片的折叠方法

短罩衫

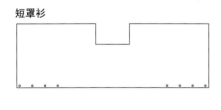

背心

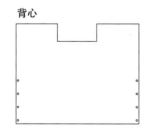

Point **纽扣的缝法** 可以按照普通缝衣服纽扣的方法缝纽扣，但如果织片的缝隙较多，可按照以下的方法，让纽扣缝得更结实。拆分同色的编织线，取1股线穿入缝衣针中。

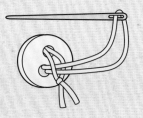

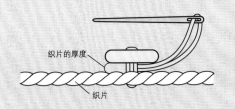

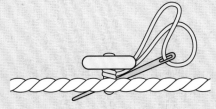

1 从纽扣反面插入针，再从正面返回，按照图示方法将针插入线圈部分。

2 纽扣与织片间线的长度要略大于织片的厚度。缝纽扣时将编织线来回穿2~3次。

3 以纽扣与织片间的编织线为中心，将编织线缠2~3圈。然后从织片的反面抽出线。留出15cm的线头后剪断，逐一处理好线头。

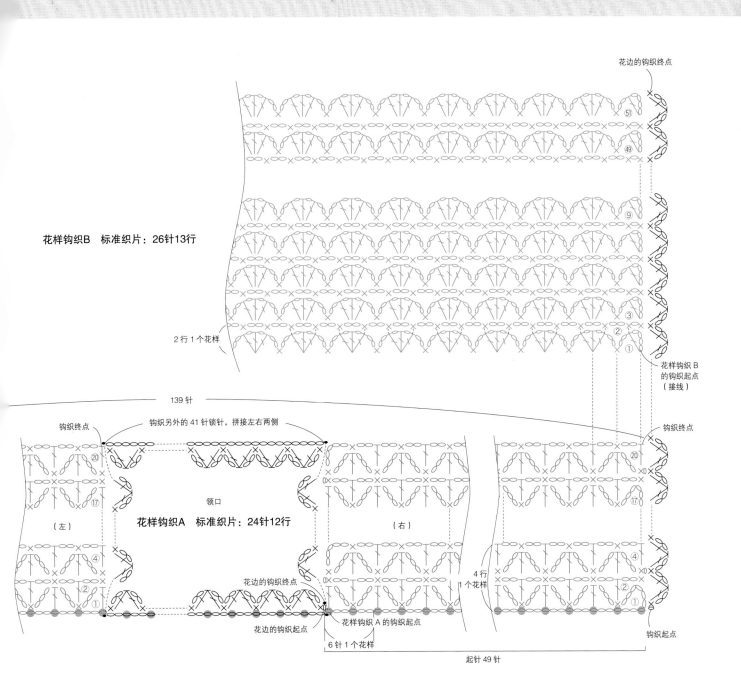

花样钩织B　标准织片：26针13行

2行1个花样

花边的钩织终点

花样钩织B的钩织起点（接线）

139针

钩织终点

钩织另外的41针锁针，拼接左右两侧

钩织终点

领口

花样钩织A　标准织片：24针12行

（左）

（右）

4行1个花样

花边的钩织终点

花边的钩织起点

花样钩织A的钩织起点

6针1个花样

钩织起点

起针49针

147

●两穿 斗篷&短罩衫

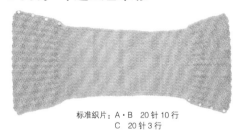

标准织片：A·B　20针10行
　　　　　C　20针3行

织片的折叠方法

短罩衫

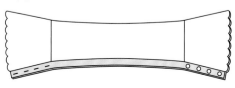

斗篷

＊准备材料
编织线：Taria绿色150g●●●●●
针：钩针5/0号，缝衣针
其他：直径1.3cm的纽扣8颗

＊钩织方法

1　织入62针锁针起针，接着钩织花样钩织
　A·B。

2　在起针最初的锁针中（钩织起点的针脚）
　接线，另一侧也按同样的方法钩织A·B。

3　钩织花边C，将纽扣缝到图示位置。

⌒	锁针
×	短针
T	中长针
⊤	长针
⋎	长针3针成束挑起钩织

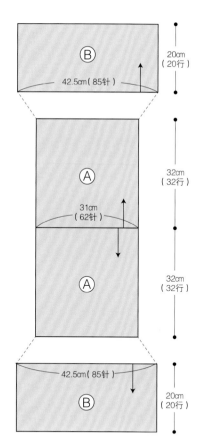

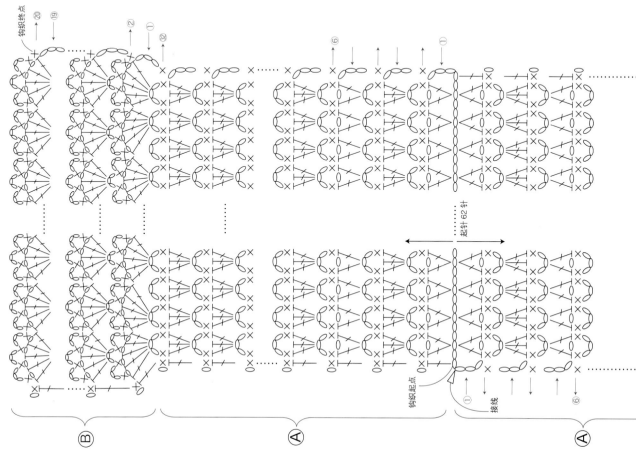

衣物钩织时常用的
订缝与接缝

缝合的部分稍微厚一些，针脚也会比较显眼，但是却能在短时间内完成，且方法简单，还能防止针脚伸缩变形。留出长约成品尺寸5.5倍的缝纫线后既可开始钩织。

● 锁针与引拔针订缝 （作品的钩织方法见p.154）

1 织片正面相对合拢，将钩针插入顶端针脚头针锁针的2根线中，然后在针上挂线。

2 引拔抽出挂好的线。

3 针上挂线，按照箭头所示引拔抽出。

4 钩织锁针（织入必要的针数至拼接位置）。

5 在拼接位置织入引拔针。

● 锁针与引拔针接缝 （作品的钩织方法见p.154）

1 两块织片正面相对合拢，按照箭头所示将钩针插入起针的锁针与锁针中，引拔抽出线后再次在针上挂线，引拔抽出。

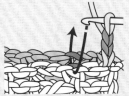

2 钩织几针锁针，高度相当于织片的厚度。分别将两块织片行间的头针针脚拆开，插入钩针，织入引拔针。

3 织入引拔针后，再继续钩织锁针至下一行针脚的头针处。

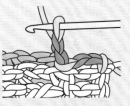

4 用同样的方法继续钩织。

5 钩织至顶端后针上挂线，引拔抽出，收紧针脚。

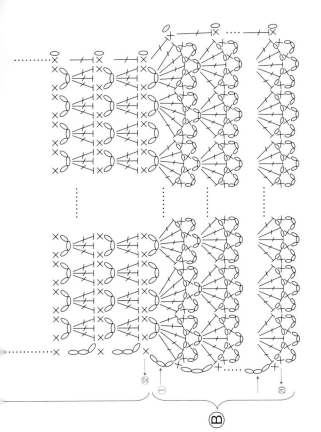

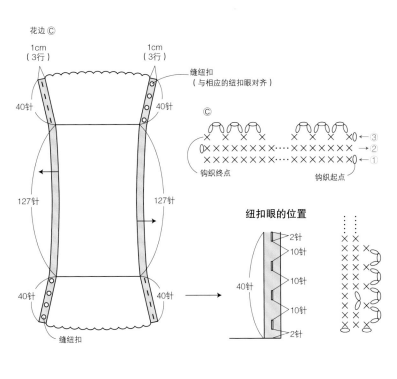

●斗篷式背心

46cm

142cm

标准织片：22针16行

✳准备材料

编织线：Amerry藏蓝色410g⬤⬤⬤⬤⬤⬤⬤⬤⬤⬤⬤

针：钩针6/0号，缝衣针

其他：直径21mm的皮革纽扣 2颗

✳钩织方法

1 后身片、左右衣身分别钩织20行（编织图见 p.152）。右身片钩织完成后，继续织入1针另外的 锁针，然后在挑针的同时拼接3块织片，再钩织第21 行。接着钩织至48行。

2 钩织前身片的48行，织入1针另外的锁针，挑针的同 时与步骤1拼接，再钩织领肩的第1行，呈环形。按 照编织图所示进行减针，然后钩织领肩的36行，呈环 形。

3 在领口前身片中央接线，织入14针锁针起针，再按照 编织图所示钩织衣领。

4 用同样的方法钩织袖口（参照p.153）。

5 袖口的下侧用引拔针订缝，钩织花边。（编织图见 p.152）

6 钩织两块扣袢，缝到后身片，再缝上装饰纽扣。

⬭	锁针
⬤	引拔针
⬬	引拔针的棱针
✕	短针
⋉	短针的棱针
⋀	短针3针并1针
T	中长针
Ŧ	中长针的棱针
⋀	中长针2针并1针
⋃	中长针2针的枣形针
⋃	中长针2针的枣形针成束挑起钩织
Ŧ	长针

领肩

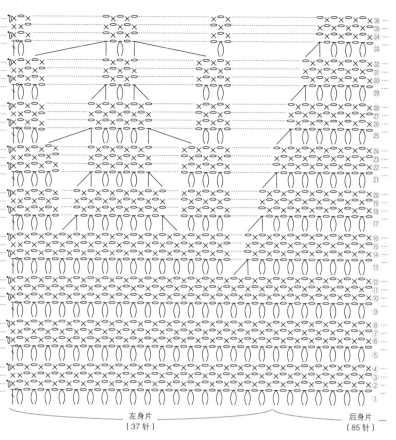

左身片（37针）   后身片（85针）

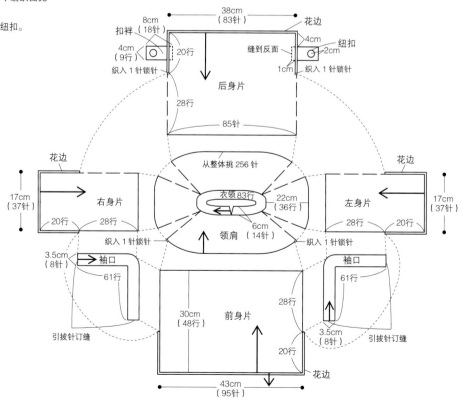

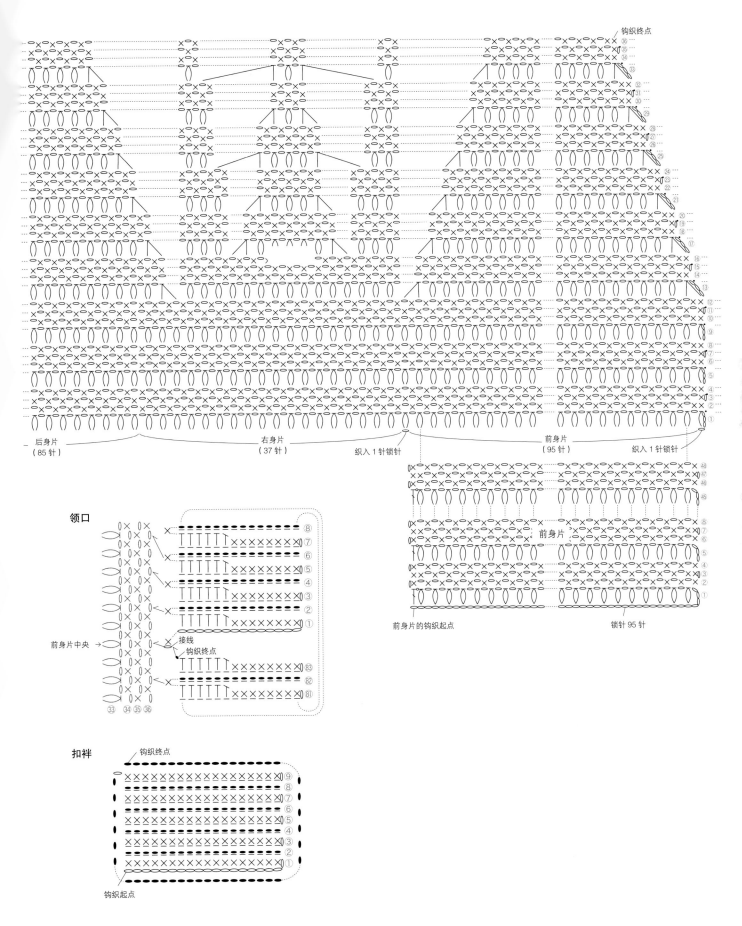

钩织终点

后身片
（85 针）

右身片
（37 针）

织入 1 针锁针

前身片
（95 针）

织入 1 针锁针

领口

前身片中央 →

接线

钩织终点

③③ ③④ ③⑤ ③⑥

前身片

前身片的钩织起点

锁针 95 针

扣袢

钩织终点

钩织起点

151

钩织拼接左·右·后身片

断线

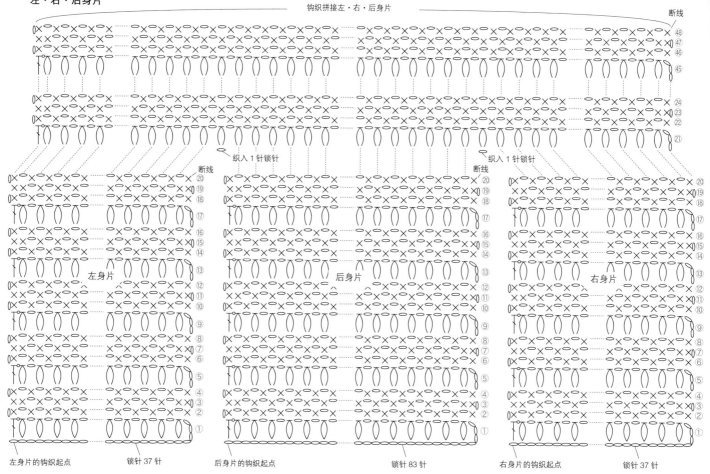

织入1针锁针

断线

织入1针锁针

断线

左身片

后身片

右身片

左身片的钩织起点　锁针37针　后身片的钩织起点　锁针83针　右身片的钩织起点　锁针37针

袖口

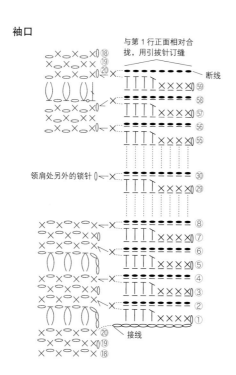

与第1行正面相对合拢，用引拔针订缝

断线

领肩处另外的锁针

接线

花边

断线　接线

左身片　后身片

在衣身的下摆与开衩口侧面钩织一圈短针

袖口的拼接方法 钩织衣身，最后拼接袖口。
织片呈现的效果如棒针的罗纹针一样。一起来看看钩织方法吧！

* 为了便于说明，此处换用其他颜色的线示范。

1 将钩针插入箭头所示的位置（第20行的顶端）。

2 引拔抽出线，织入锁针起针。

3 钩织完起针的9针锁针和立起的1针锁针后如图。

4 将起针的里山与半针挑起后织入4针短针。

5 再织入4针长针。

6 在两行的上方（第22行的顶端）织入短针。

7 按照箭头所示，将上一行针脚头针的锁针外侧1根线挑起，织入引拔针的棱针。

8 织入1针引拔针的棱针后如图。

9 用同样的方法重复钩织至顶端。

10 将上一行引拔针锁针的外侧1根线挑起后织入短针。

11 用同样的方法按照编织图钩织，织入4行后如图。

12 再用同样的方法钩织，8行钩织完成后如图。如此重复钩织袖口。

● 背心

＊准备材料

编织线：Flax C粉色160g●●●●●
针：钩针3/0号、2/0号，缝衣针
其他：直径1.3cm的纽扣 1颗

＊钩织方法

1. 用3/0号钩针织入锁针起针（针数参照各编织图），然后按照图示方法用花样钩织织入后身片（p.156）、左右前身片（p.155）。
2. 肩部（各身片的拼接方法图①②）与侧下方（同③④）用锁针和引拔针订缝（p.149）的方法拼接。
3. 接着在领口、前襟、下摆处钩织花边。
4. 在袖口织入花边。
5. 用2/0号钩针钩织2根飘带，然后在左右前身片处用锁针与引拔针订缝（p.149）的方法缝合。
6. 在左前身片缝纽扣。

标准织片：A为29针8.5行，B为27针4行

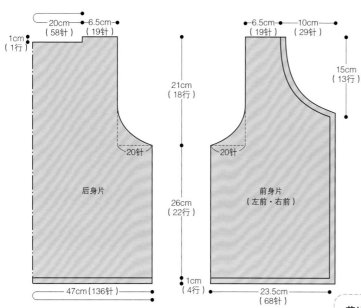

各身片的拼接方法

花边的挑针方法

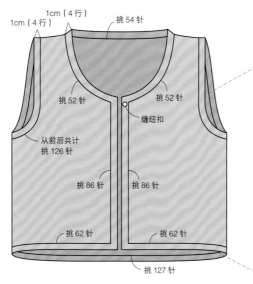

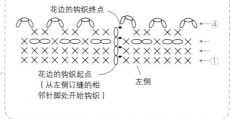

花边（袖口）

花边的钩织终点

花边的钩织起点
（从左侧订缝的相
邻针脚处开始钩织）

左侧

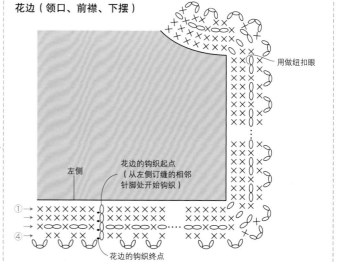

花边（领口、前襟、下摆）

用做纽扣眼

左侧

花边的钩织起点
（从左侧订缝的相邻
针脚处开始钩织）

花边的钩织终点

飘带

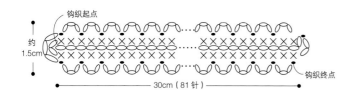

前身片

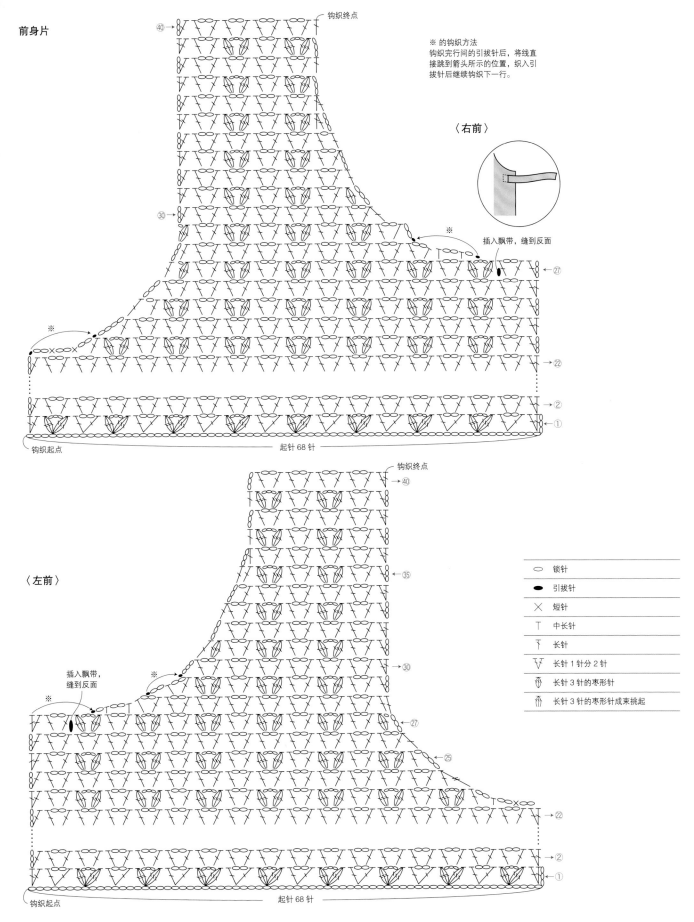

※ 的钩织方法
钩织完行间的引拔针后，将线直接跳到箭头所示的位置，织入引拔针后继续钩织下一行。

〈右前〉

插入飘带，缝到反面

钩织终点

←㉗
←㉒
←②
←①

㊵→
㉚→

钩织起点
起针 68 针

〈左前〉

插入飘带，缝到反面

※

钩织终点 →㊵
←㉟
→㉚
←㉗
←㉕
→㉒
→②
←①

钩织起点
起针 68 针

⬯	锁针
⬤	引拔针
✕	短针
T	中长针
⊤	长针
V	长针 1 针分 2 针
⑂	长针 3 针的枣形针
⑂	长针 3 针的枣形针成束挑起

155

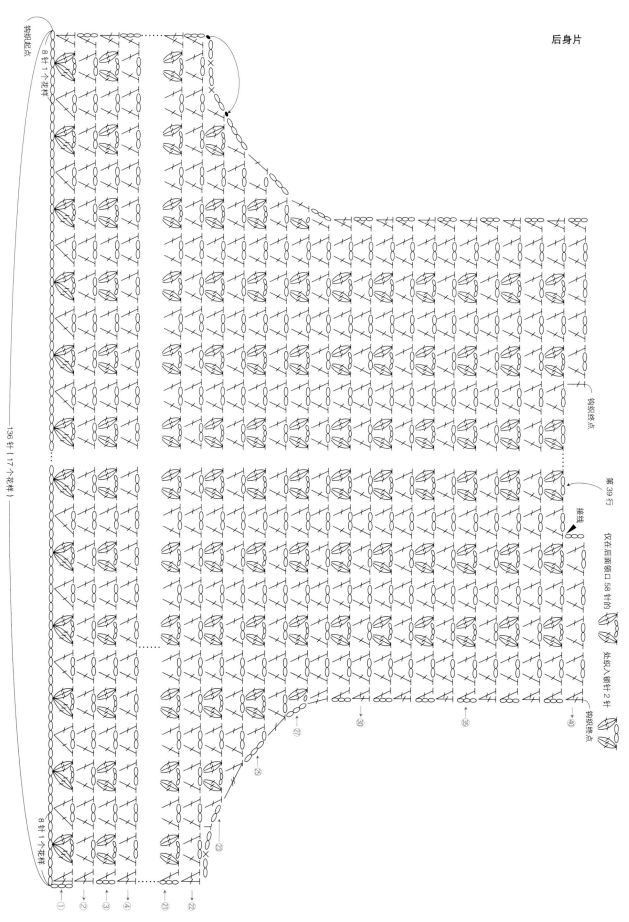

钩织起点

8针1个花样

钩织起点

136针（17个花样）

8针1个花样

钩织终点

第39行

接线

仅在后面领口58针的处织入锁针2针

钩织终点

针插

钩织两块花片，塞入棉花后即可制作成针插。
可以用练习的织片试试看！

A

B

C

♣设计 / 野口智子
钩织方法······p.158~159

157

●A 四方形针插

7cm
（厚1.5cm）

用奶油色线缝好

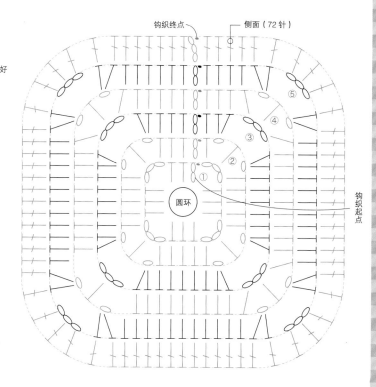

钩织终点　　　侧面（72针）

钩织起点

圆环

＊准备材料

编织线：纯毛中细奶油色2.5g、粉色
　　　　3.5g，各●

针：钩针3/0号，缝衣针

其他：棉花（Hamanaka Clean颗粒棉）
　　　　适量

＊钩织方法

1 从圆环开始起针，换色的同时钩织5
　行，接着钩织侧面。

2 另一块也按步骤1的方法钩织。织入5
　行即可。

3 将步骤1与步骤2的织片正面朝外相对
　合拢，拉起侧面，用奶油色线缝合成
　立方体。3边缝合后塞入棉花，再将
　剩余的1边缝好。

⬭	锁针
⬮	引拔针
T	中长针
V	中长针 2 针成束 挑起钩织
T	长针

●B 圆形针插

8cm（厚1.5cm）

用藏蓝色
线缝合

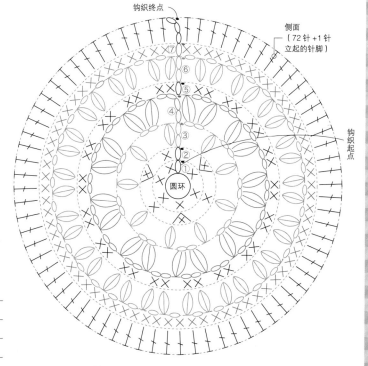

钩织终点

侧面
（72针 +1 针
立起的针脚）

钩织起点

圆环

＊准备材料

编织线：纯毛中细藏蓝色3.5g、粉色4.5g、灰色2.5g，各●

针：钩针3/0号，缝衣针

其他：棉花（Hamanaka Clean颗粒棉）适量

＊钩织方法

1 从圆环起针开始钩织，换色后织入7行，接着钩织侧面。

2 另一块也按照步骤1的方法钩织。织入7行即可。

3 将步骤1与步骤2的织片正面朝外相对合拢，拉起侧面，
　用藏蓝色线缝合成圆柱体。缝至三分之二处塞入棉花，再
　将剩余的部分缝好。

⬭	锁针	⬯	中长针 3 针的枣形针
⬮	引拔针	⬯	中长针 3 针的枣形针成束挑起钩织
✕	短针	T	长针
⩒	短针 1 针分 2 针		